太阳系以外空间　　星际介质　　1 光年约为 9460.7.3 亿千米，太阳系距银心 27000 光年，周期 2.5 亿年

1AU 为日地平均距离，约为 1.5 亿千米

太阳风所及边缘，100 ~ 160AU

厄里斯星距地球 66.71AU

冥王星距地球 38.5AU

海王星距地球 29.07AU，约 043.605 亿千米
天王星距地球 18.1912AU，约 27.2868 亿千米
土星距地球 8.5371AU，约 12.80555 亿千米
木星距地球 4.2034AU，约 6.3051 亿千米
小行星带距地球 1.77AU，约 2.665 亿千米
火星距地球 0.15237U，约 0.228555 亿千米
水星距地球 0.6129AU，约 0.9168853 亿千米
金星距地球 0.2767AU，约 0.41505 亿千米

谷神星距地球 1.766U

第三宇宙速度 16.7 / 千米 / 秒
第二宇宙速度 11.2 / 千米 / 秒

空间探测器
"嫦娥" 卫星

月球（384000 千米）

GEO

5000 千米

MEO

10000 千米

约50亿~ 240 亿千米

深空

930000 千米

35800 千米

2000 ~3000 千米

行星际空间

远地空间

近地　散逸

地球空间（行星空间

太阳系以内空间

第一宇宙速度 7.9 千米／秒
航天器近地点,最低轨道高高

人类载人飞机 X-15A
最高飞行高度 108 千米

流星

探空气球

客机科技一般巡航高度

300 千米以及下弹道导弹

阿姆斯特朗线

12 千米
1 个大气压（地球表面）

LEO

极光

120 千米
卡门线

800 千米

电离层

100 千米

85 千米
中间层

55 千米
平流层

20 千米

18 千米
对流层

临近空间

航空空间

空气空间

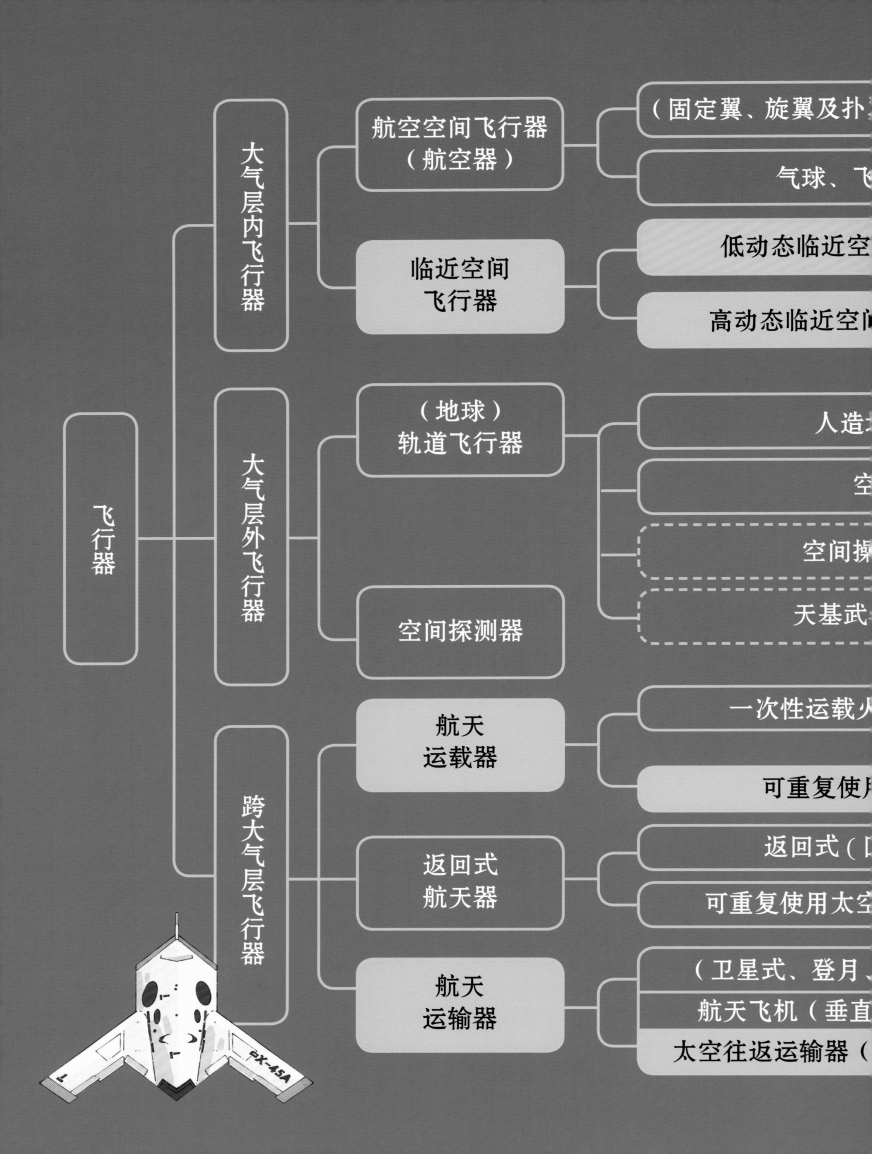

飞行器

大气层内飞行器
- 航空空间飞行器（航空器）
  - （固定翼、旋翼及扑翼
  - 气球、飞
- 临近空间飞行器
  - 低动态临近空间
  - 高动态临近空间

大气层外飞行器
- （地球）轨道飞行器
  - 人造卫星
  - 空间站
  - 空间操纵器
  - 天基武器
- 空间探测器

跨大气层飞行器
- 航天运载器
  - 一次性运载火箭
  - 可重复使用
- 返回式航天器
  - 返回式（回收）
  - 可重复使用太空舱
- 航天运输器
  - （卫星式、登月
  - 航天飞机（垂直
  - 太空往返运输器（

有翼飞行器（平台）

浮空器

行器 (Ma<1)

行器 (Ma ≥ 1)

卫星

行器

平台）

弹道导弹）

天运载器

型）卫星

器（航天器）

星际）宇宙飞船

、水平降落）

运输器）/ 秒 OV

临近空间浮空器（飞行器轻于空气）

临近空间长航时无人飞行器
（飞行器重于空气）

临近空间超声速飞行器（1 ≤ Ma<5）

临近空间高超声速飞行器（Ma ≥ 5）

转移轨道飞行器（OTV）

……

小型运输火箭

中型运输火箭

大型运输火箭

可重复使用太空机动飞行器 SMV（如 X-37B）

……

目录

总序

1978 年，作家叶永烈发表了科幻小说《小灵通漫游未来》，书中描绘了一个新奇、有趣的"未来市"：不用轮子的喷气汽车、移植在人身上的人造器官、长在同一棵树上的不同水果、会和人下棋的机器人，还有人造鸡蛋、方形的西瓜……

40 多年后的今天，当我们再回头看这些当年的幻想，发现很多早已变成现实生活中的寻常之物了。莱特兄弟第一次飞行只飞了 36.5 米，如今每个人都可以买机票然后飞遍全球；手机最初的样子像砖头一样笨重，现在小巧玲珑的智能手机随处可见。人类已在科技飞速发展中走过了 21 世纪的前 20 余年，真是时光如白驹过隙，科技日新月异！所有的现在都是过去的未来，所有的未来都会成为明日之现在。

我们感受到的科技变化可能更多来自生活中好玩的事物。如问"飞机为什么能飞起来？"，我们会上网搜寻答案。诚然这样很快，但网上的答案解释清楚了吗？能否折一个纸飞机，在观察手抛纸飞机后的飞行过程的同时，再讲述飞机如何获得动力飞行？枯燥的知识说教不如从"好玩"开始，再深入探索。许多科学家认为他们所从事的领域非常好玩，科学探索发现的过程对他们来说就是"玩"。

这套《新科技，向前冲！》的编写目的之一便是通过介绍好玩、新奇的科学发现、技术发明，以浅显易懂的方式介绍其中的科学原理，让读者了解到最新的科学技术进展和未来发展趋势。通过这些"新科技"提升自身的科学水平和科学素质，这与个人成长和未来发展密切相关。

通过了解科学方法、科学思想，在头脑中埋下科学精神的种子，使读者提升探索未来的动力及学习科技知识的信心。那样，你们就会与未来更近，有能力适应不断变化的世界，提升个人竞争力，从而在未来创造更美好的生活。

当然，科学没有终极真理，认识发现没有穷尽。每一项好玩、新奇的科技或许在将来会被放弃或证伪。但本书所展现的这些奇思妙想或许能够启发读者新的想象和创造。正是这种求实精神和怀疑精神，可以让你们不但能跟得上快速发展的时代潮流，更可以站在时间的前沿，引领未来发展的潮头。

时间总会证明一切。

《新科技，向前冲！》只是阶梯，真正的未来究竟有多好玩呢？借用科幻作家儒勒·凡尔纳的话——"你只有探索才能知道答案。"

引言

　　未来好像很遥远，但又如此迫近。在我们的生活中已经出现了很多以前只出现在科幻故事中的"科技"：会陪你聊天、打游戏的虚拟人，吐槽你驾驶技术的语音导航，自动行驶的汽车，隔墙可以看清车牌的"透视眼"，可以把猫换成狗的"换脸"算法，凭空走出来的画中人，可以用"意念"控制的汽车和机械假肢，会踢足球的机器狗，"死而复生"的猪……

　　未来已来，让我们现在出发，踩着科技的台阶，迈向时间的彼方，一步步进入到奇妙、好玩的未来世界……

「聪明」的机器

Spot 进行排爆训练

2019 年 4 月的一天，警方接到报警，发现可能有爆炸物的可疑包裹，Spot 迅速出警，下车后直接跑到目标房间门口打开房门，轻松跨过倒在走廊中间的椅子，绕开客厅的沙发，走到"可疑包裹"前，观察一阵后用"手臂"轻轻解开包裹的外壳露出里面的"炸弹"……这一系列动作自然娴熟，然而 Spot 并不是经验丰富的拆爆专家，而是美国波士顿动力公司生产的机器狗。它并非由人来遥控而完全是自主工作的。这一切也不是在拍科幻电影，而是美国马萨诸塞州警察正在用它进行排爆训练。

Spot 只是众多"聪明的机器"中的一种，它们还有一个更为学术的称呼：人工智能，英语为 Artificial Intelligence，缩写为 AI。

"人工"比较容易理解，含有"由人类制造出来的"或"制造出模仿人的"的意思。而"智能"的意思就复杂些了，可能要先回到人的角度去理解。

对人而言，一般来说"智能"可以简单地理解为有智慧或聪明。人人都想变聪明，有智慧，可什么又算是有智慧或聪明呢？这里要先解释感觉、知觉、思维和意识这几个相关概念。

首先，一个人必须有感觉。

简单来说就是一个人能通过看、听、闻、触摸等来获得来自身体之外的信息。如眼睛看到一个橙色、圆形、塑料物体，传到大脑里，这就是感觉。就像一台数码照相机，拍到照片，并形成数字信息存储下来。"植物人"就丧失了感觉。人体有各种神经构成人体器官来实现感觉。

机器必须通过各种"传感器"来获取信息，如拍摄乒乓球的数码相机，或直接把这些信息导入它们"头脑"中，如用 U 盘拷贝或网络传输。

其次，进一步说知觉。

知觉是在感觉的基础上，由人的大脑形成的对事物的整体认识，它不是感觉简单的叠加。符合橙色、圆形、塑料等特征的物体，不仅仅只有乒乓球。但我们能根据它整体的情况判断它是与不是。对于数码相机而言，它只能拍下照片，需要人根据经验判断是乒乓球还是橙子。机器想要获得这一知觉，往往需要借助事先设计好的算法进行学习来实现。

最后，就是思维。

"让我想一想"或"让我思考一下"，说的就是思维。它是人对外界信息进行处理的过程。一个普通的乒乓球，我们认为它"很便宜"。如果被某位世界冠军签了名字，虽然它只是在表面多了些笔迹，但我们却知道它"很珍贵"。这个分析、比较的过程就是思维。

机器是否有思维呢？人工智能的一个主要研究方向就是模拟人类思维的过程。如 Spot 开门、绕障碍物、找到疑似爆炸物等一系列动作，就是在模仿人的感觉和知觉。

一个人究竟要如何变得聪明呢？

由上述可知，一个人首先得有感觉和知觉，否则连正常人都不是。对机器而言，也是如此。如将 Spot 的传感器拆除，虽然它别的功能毫无问题，但感知不到外部世界，它就变成了毫无用处的废铁。

然后，他要进行思考，也就是有思维。但不是有思维的人就聪明、有智慧。他要能够通过思考来解决问题。

在生活中，当你做对一道数学题，用乐高拼出复杂的模型时，爸爸妈妈会夸你聪明，也就是说你已经开始具备一定解决问题的能力了；但如果家里买的学习机器人回答不了你的问题，甚至有时答非所问，那是因为在它的"脑袋"里（经验库）无法找到匹配的答案，不能解决问题。虽然它也"思考"了，但还不够聪明。

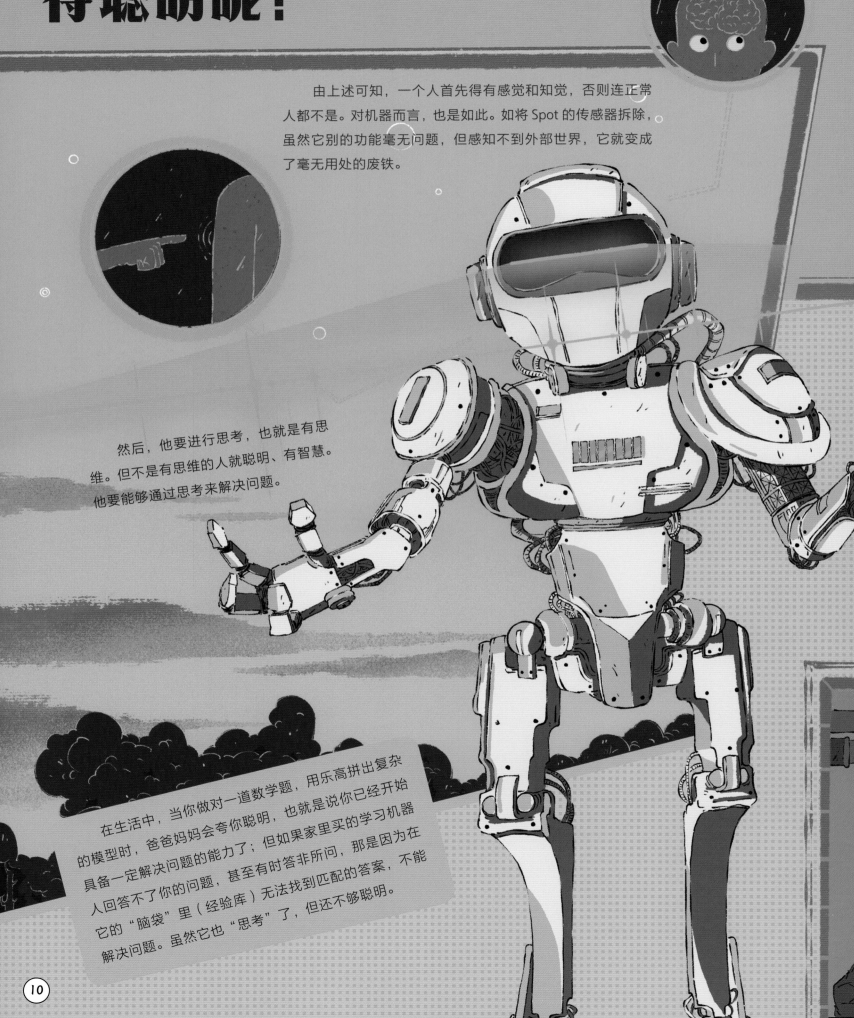

那意识和聪明又有什么关系呢？意识是一种心理状态，它是对外界和内部的一种觉察。如好朋友养了一只小花猫，毛茸茸的，十分可爱，这是你在觉察外部事物；可是你既想摸它，又害怕它会咬你，所以就紧张了。你发现自己紧张了，这就是觉察内部状态。但是机器人只会告诉你这是一只猫，而没有你的意识。

有人会提出疑惑：有些计算机或机器人也有自我诊断程序，也能感知外界环境，也能观察自身情况吗？机器的自我诊断本质上与它对外界环境的感知是一样的，可以把机器本身视为外界环境的一部分。如果有一天，机器聪明到可以因为被人夸"你真聪明啊"而感到高兴，那么才可以说这个机器拥有了意识。

既然人和机器都希望越聪明越好，那怎么才能变得聪明呢？经研究，科学家把聪明又分为"分类能力、学习（适应性改变行为）能力、演绎推理能力、归纳能力、发展和运用概念性模式能力、理解能力"等六种能力。

其中，分类比较容易理解。如"猫、狗、猴、鱼"，找出其中不同类的动物。即便没学过"哺乳动物"这个词，根据有无毛、生活在陆地上还是水里等，还是很容易选出"鱼"的。分类几乎随时都会用到，如我们每个人经常会面临"诸如垃圾如何分类"的问题。

科学家教你变聪明

学习能力

学习，是通过反复阅读、模仿、记忆等经验产生的能力变化。如做数学题、背古诗、练琴都属于学习。所以，家长没骗你，变聪明要靠学习。机器也得学习才能变聪明。

演绎推理能力

演绎推理，就像侦探一样，从确定的前提得出符合逻辑的结论。如爸爸出差前买了三块蛋糕放在冰箱里，家里只有妈妈和你。你打开冰箱发现蛋糕少了一块。那么你就会想到，少的那一块应该是妈妈吃掉了，这就是推理。推理是做决策的重要前提，也是机器变聪明的必修课之一。

归纳能力

归纳，就是超越所给的信息发现规律。如小明说，"我和我的小伙伴都喜欢打篮球"。而和小明一起玩的小伙伴都是男孩子。那么，可以归纳出小明这个年龄段的男孩子大多喜欢打篮球。

理解能力

理解，就是你能明白各种信息表达的意义。如"小明，星期日我们去博物馆吧？""我去！我不去。我妈给我报了4个辅导班，还有6门课作业没写。"问小明到底去不去博物馆，大家都会得出"小明不去"的结论。

发展和运用概念性模式

发展和运用概念性模式，就是人们常说的"透过现象看到本质"，是指我们能够认识世界是怎样的以及如何运转的。好比，果农看到苹果落地，认为苹果熟了，可以卖钱了。而牛顿看到苹果落地，通过思考，发现并提出了"万有引力"。在这一点上，机器则很难实现。

通常，我们说"去学校上学"就是去"学习"了。

但本质上是在学习知识的同时，也在提升上述几种能力。只是这几种能力的提升一定程度上也取决于学生本人的心理状态（专注、兴趣等），也存在一定的技巧性。上述能力代表了人工智能不同的算法研究，科学家通过不断改进这些算法来提升机器的这几种能力，从而使机器更聪明。后面，我们慢慢讲述机器拥有了这些能力后发生的奇妙故事。

什么是人工智能（AI）?

人工智能的定义

究竟什么是人工智能？现在还没有标准定义。简单地说，它是一种模仿人对知识的表示、获取和运用的研究和应用。它可能在一台计算机上，可能在互联网上，也可能在任何机器上。今天，生活中其实已经随处可见人工智能了。如家门的人脸识别锁、手机自动识别花卉的App、手机的"语音助手"、商场门口能和你对话的导购机器人……

正是由于"智能"给我们带来了更多先进和便利，所以现在"智能"概念也很泛滥：智能牙刷、智能水杯、智能电子秤等。这不过是商家的噱头罢了，是把一些通过简单电路控制就可实现的简单自动化商品吹嘘为"智能化"的"伪智能"。

所以，在辨别是真伪智能时需擦亮眼睛，要看它是否必须通过复杂的智能运算才能解决问题。如冰箱中的温度自动调节功能，这就不算是智能。但如果冰箱能够识别放入其中的食物及食物的新鲜程度，并自动调至合适的保存温度，那么它就是智能的。

人工智能的组成

人工智能通常涉及三个基本组成要素：算法、算力和数据。

算法就是编写程序让机器能进行"思考"，是人工智能的灵魂。

算力就是计算能力，或者说是硬件水平，是人工智能的躯体。如一台计算机的算力受中央处理器（CPU）和内存等影响。

第一代计算机有整个房间那么大，但它的计算能力却不如现在的一台普通笔记本电脑。

数据是驱动躯体和灵魂的血液，如你对手机说"打开导航"，手机"听到"后便打开导航 App，你说的这句话就转化成它的"数据"了。

算力对比

想要机器有智能，算力是根本，是"先天条件"。当前算力能力优劣通常体现在制造工艺上，以"纳米"为单位。数字越小，集成电路的精细度越高，在同样体积下可以塞进更多元件，处理器的性能更强，功耗更低。如 7 纳米要优于 14 纳米。但以今天的技术，想要进步 1 纳米还是非常困难的事。

想让机器越来越智能，研究算法是必经之路，也就是"后天养成"，机器会随着算法升级而不断变聪明。人工智能许多神奇的功能就是靠这些算法实现的。目前，已经产生了一些著名的算法，如用于图像识别的生成对抗网络（GAN）、用于决策分类的随机森林等。而数据作为血液和"驱动力"推动着整个人工智能的运转。

人工智能简史

人工智能的起源公认是1956年的达特茅斯会议,共10人参会,比较著名的有约翰·麦卡锡(会议组织者,人工智能专家、LISP语言发明者)、马文·明斯基(人工智能与认知学专家)、克劳德·香农(信息论的创始人)、艾伦·纽厄尔(计算机科学家)、赫伯特·西蒙(诺贝尔经济学奖得主)。

早期的人工智能在有限的方面获得了成功,科学家们对它抱有极大的研究热情。在1960—1970年间,当时的计算机还被看作算术运算器,所以艾伦·纽厄尔和赫伯特·西蒙编写了一个证明数学公理命题的程序,令当时的人觉得机器很聪明。

1965年,麻省理工学院的罗伯兹开创了机器视觉领域等。不过在此后一段时期,由于人工智能研究方向和应用不明确,没有取得实质性突破,研究一度陷入低谷。直到1997年,IBM的"深蓝"大战国际象棋冠军卡斯帕罗夫,才重燃人们对人工智能的兴趣。2016年,AlphaGo战胜世界围棋高手李世石,将人工智能研究推向高潮。

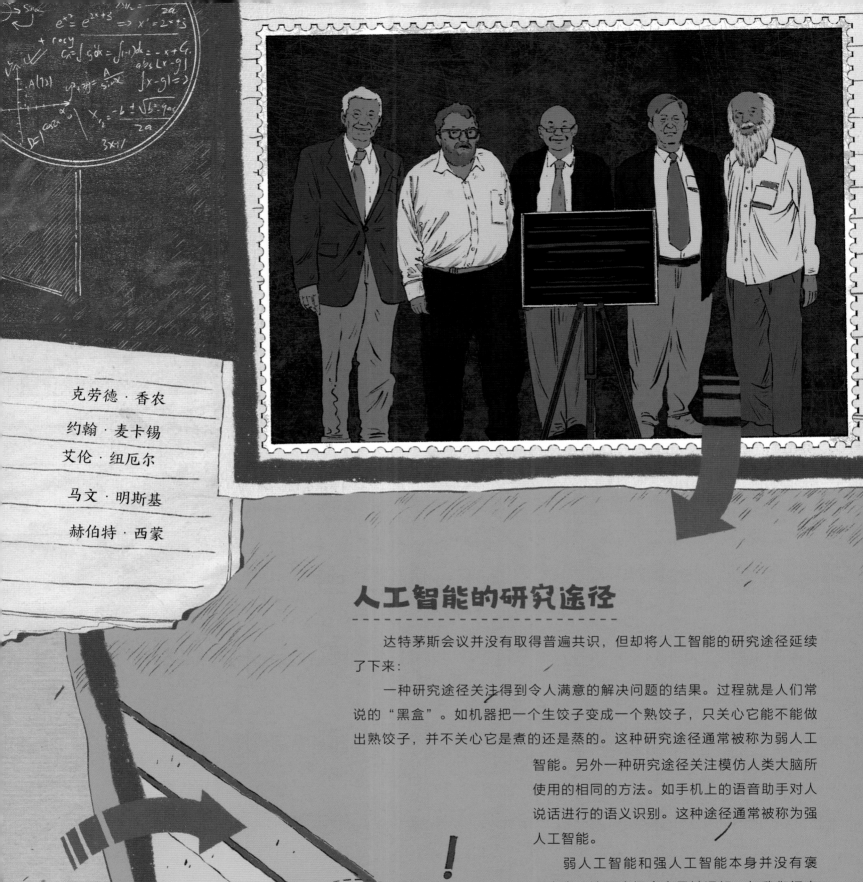

克劳德·香农

约翰·麦卡锡

艾伦·纽厄尔

马文·明斯基

赫伯特·西蒙

人工智能的研究途径

达特茅斯会议并没有取得普遍共识，但却将人工智能的研究途径延续了下来：

一种研究途径关注得到令人满意的解决问题的结果。过程就是人们常说的"黑盒"。如机器把一个生饺子变成一个熟饺子，只关心它能不能做出熟饺子，并不关心它是煮的还是蒸的。这种研究途径通常被称为弱人工智能。另外一种研究途径关注模仿人类大脑所使用的相同的方法。如手机上的语音助手对人说话进行的语义识别。这种途径通常被称为强人工智能。

弱人工智能和强人工智能本身并没有褒贬之意，这两个概念容易被误解。如我们问商场导购机器人："这条裙子漂不漂亮？"它却回答："商场三楼有卖裙子的。"我们说："这机器人真笨。"这种情况并不是说它是"弱人工智能"。机器人的语义识别算法本身是强人工智能。它的笨是说它的"算法"适应性弱，或者智能化水平弱。

"绝悟"的"王者荣耀"

"绝悟"出场

你有没有发现玩家玩游戏很难赢过计算机？或许你会说，你并不擅长打游戏，计算机赢不了真正的游戏高手。今天大家都对"人定胜机器"这一想法表示质疑了，特别是在"固定规则"的游戏领域。

2018年12月22日，在"王者荣耀"职业联赛秋季赛总决赛上，腾讯的人工智能"绝悟"首次亮相，控制5个英雄对战5位人类顶尖高手组成的战队。一开始，"绝悟"表现呆滞，让观众觉得"人工智能"也不过如此。然而，到中后期，"绝悟"依靠着优秀的团队协作配合，一点点扳回比分，赢了比赛。

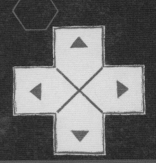

"绝悟"首战成名，令大家慨叹今后在"玩游戏"上，人恐怕越来越难赢了。"绝悟"的胜利源于它在"固定规则"游戏上的运算优势。

"绝悟"采用监督学习算法，通过吸收人类职业玩家历史对战数据进行深度模仿，再通过大量自我对战训练学习，就好比练武功。

"绝悟"靠自己的"悟性"，练一天武功相当于人类的武学奇才练上150年。那么"绝悟"和人类武学奇才比武，人类不输才怪。

AI 的"王者"之路

"绝悟"并不是第一个在"游戏"上战胜人类的 AI，也不是最后一个。截至目前，AI 取得的"荣耀"已有多次。1997 年 5 月 11 日，IBM 研发的 AI"深蓝"战胜国际象棋冠军卡斯帕罗夫。"深蓝"的胜利重新掀起人工智能研究的热潮。

2016 年 3 月，谷歌的"阿尔法狗"（AlphaGo）4:0 战胜世界围棋冠军李世石。2018 年 1 月，"绝悟"的哥哥"绝艺"在与世界冠军柯洁的围棋对战中，在让了柯洁 2 子先手的情况下，仍然战胜了柯洁。这个纪录还不断地在更复杂的即时策略型游戏中被刷新。

2019 年 1 月 24 日，AlphaStar 在"星际争霸 2"游戏中以 10:1 战胜人类职业玩家。

2019 年 4 月 14 日，OpenAI 的 Five 在和第八届 Dota2 国际邀请赛世界冠军 OG 团队的比赛中连胜两局，彻底碾压人类选手。

残缺的"王者"

实际上，AI 只是在游戏领域体现出了机器运算的优势，但它想在其他方面胜过人类还差得远。如即便是小孩子，也能一眼认出猫、狗。但让机器"认出"物体，需要大量数据。这就是"莫拉维克悖论"，即人类所独有的高阶智慧能力，如计算数学题、制定并实施复杂的即时策略，AI 只需要非常少的计算能力；但是无意识的技能和直觉，如机器人走路、看图识物等，却需要 AI 具备极大运算能力才能实现。

AI 的终极"荣耀"

说到底，AI 的终极目标是通过强人工智能研究实现通用人工智能。所谓通用人工智能，简单地说，就是研制出"哆啦 A 梦"那样的 AI。

1952 年英国数学家艾伦·麦席森·图灵提出了著名的"图灵测试"。图灵测试的方法很像做游戏：让一些人当提问者，在看不见回答者的情况下，通过一些装置向回答者随意提问，然后让提问者判断回答者是人还是机器。如果这些人中有 30% 的人把机器误认为是人，那么这台机器就通过了测试，被认为具有人类智慧。目前，还没有 AI 能通过图灵测试，而且科学家们普遍认为 AI 想通过图灵测试"还差得远"呢！

机器的学习

机器学习

历史数据

经验归纳

不论是"深蓝""绝艺""绝悟""AlphaGo"还是"AlphaStar",这些人工智能能够在游戏中获取震惊世人的"荣耀",都来源于由人类工程师开发的机器学习技术。"机器学习",顾名思义就是让机器像人一样具有学习能力。这是怎么实现的呢?

假设你和机器下棋,首先,利用你过去下棋每一盘走的每一步记录作为输入。其次,设计出相应的机器学习模型。如象棋开局时你走"当头炮",机器采取"防守策略"保护自己的兵不被吃掉，会选择"跳马"来保护兵。再次,输入各种人下棋的棋局步骤(棋谱)对机器进行训练,提升机器的预测精确度。经过大量训练的机器已知自己走任何一颗棋子采取的任何一种走法后你做出的所有可能的反应。然后它会算出你最可能走的一步棋,并"想好"你这么走后采用什么走法才最有可能赢你。

1997 年的 IBM "深蓝"每秒钟能算 2 亿步棋。而2016 年的 AlphaGo 比它强 30 万倍。通常而言,输入的历史数据量越大、模型设计得越好,训练得越多,它预测的准确度就越高。

监督学习与无监督学习

机器学习是个比较笼统的概念,它可进一步分为一些重要方法,如 AlphaGo 采用的监督学习。监督学习就是已知输入和输出的情况下,训练机器生成一个模型,在有新的输入时能够用这个模型生成对应的输出。

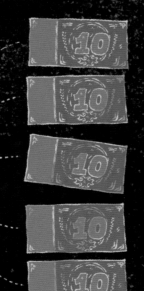

举个兑换零钱的例子。妈妈让你换零钱,给你 1 张100 元,告诉你要换给妈妈 10 张 10 元。妈妈又给你 1张 10 元,告诉你要换给妈妈 10 张 1 元。妈妈给你的钱为输入,你给妈妈的钱为输出。那么训练出的模型为"将整钱换成 10 张一样面额的零钱,总额不变"。当妈妈再给你 50 元时,你就知道要还给妈妈 10 张 5 元钱了。

为什么叫"监督学习"?就是一开始妈妈告诉你了输入是 100 元,还告诉你要还 10张 10 元的输出。整个过程是在妈妈"监督"下完成的学习。妈妈没教你,你自己学会了换零钱的过程,就叫无监督学习。

弱监督学习

在监督学习中，妈妈把输入、输出的信息完全告诉你。而无监督学习中则没人告诉你任何信息，全靠你自己。

机器也一样，有"妈妈"教的机器变得很聪明，在实际应用中取得很大成功，但需要人类"妈妈"巨大的付出。而没有妈妈教的机器摸索许久也找不到头绪，所以很难取得实际效果。

在这种两难的情况下，聪明的科学家们又研究出了弱监督学习，就是"妈妈"告诉你的信息并不完全，你要自己揣摩她的意思。如妈妈叫你去买菜，你不但可以买"白菜、油菜"这些名字包含"菜"字的菜，还可以买萝卜、西红柿等。

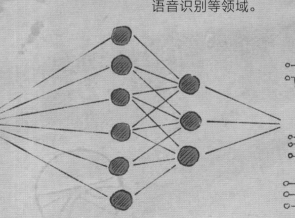

强化学习

如果想要弱监督学习效果好些，就需要提到它的一种典型算法——强化学习（再励学习）。就是在买菜时，妈妈并没有告诉你买的菜对不对，你要自己尝试，看看买的菜妈妈是否认可。当你买对了，妈妈给你一个小奖励；当你买的菜妈妈不喜欢，妈妈就收回一个奖励；还有一些菜妈妈觉得一般，不奖励也不收回奖励。你就在买菜时不断尝试，摸索出买哪些菜妈妈会奖励。为了得到最多的奖励，以后你就买那些妈妈会奖励的菜。

深度学习

不过当前在游戏界称王称霸的 AI 并不是那么简单，它们还会一种更复杂的学习方式——"深度学习"。解释深度学习首先要提到人工神经网络。简单地说，它是模仿人类大脑神经网络的一种算法模型。

深度学习就是把人工神经网络分成很多隐层，通过把原始数据转变为更有用的特征来提升其能力。所谓"深度"就是指神经网络这些隐层的层数。目前，除下棋和即时策略游戏外，深度学习被广泛应用在图像识别、图像处理和语音识别等领域。

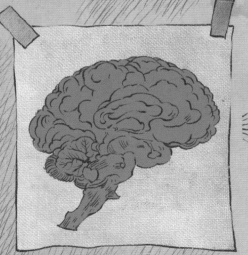

真实的虚拟人

虚拟人驾到

2019 年春节晚会上，主持人撒贝宁的"孪生兄弟"让大家印象极为深刻。这个被称为"小小撒"的主持人不但长得和撒贝宁一样，嘴上功夫也十分了得。他不但掌控现场能力极佳，还能"抢"撒贝宁的台词，让撒贝宁表示十分委屈，场面逗趣。然而，这个"小小撒"并不是撒贝宁的兄弟，而是本名为"湃"的智能虚拟人。智能虚拟人，就是没有像人一样实际的身体，和其他电脑程序一样只存在于计算机或网络内，它的身体、语言、动作、表情等都通过机器学习算法模拟真正的人类实现。

创造虚拟人

创造一个虚拟人需要几类技术，以腾讯虚拟人 Siren 为例。首先，机器视觉技术，创造一个漂亮小姐姐，要按人体本来的样子搭建模拟系统，特别是皮肤、毛发等细节。搭建完成后，她还是个不会动的"木头人"，需要深度学习人的表情、动作。学习得越多，她就越像真人。其次，继续用深度学习进行自然语言的理解和处理。也就是说，你对她说话，她要理解你说的是什么意思。然后她能"想"出如何回答你。再次就是语音合成。这样，一个活生生的 Siren 小姐姐就出现在你面前了。

你的虚拟人朋友

智能虚拟人，当前主要作为一种更便捷、舒适的人机交流界面，就像接你电话的"客服"。随着技术的发展，更逼真、智能、实用的虚拟人将出现在你身边，作为你的伙伴，陪你学习、聊天，甚至为你出谋划策等。而且这个伙伴的形象、声音、神态、习惯、动作等都可根据你的心意来创造。

2019 年，阿里巴巴智能团队曾为一位失去女儿的母亲创造了一个 AI 女儿，用她女儿的声音为她朗读课文。或许，在不远的未来，每个人的各种信息都可以转化为数字形式，并以这种数字形态"活"在需要陪伴的人身边。

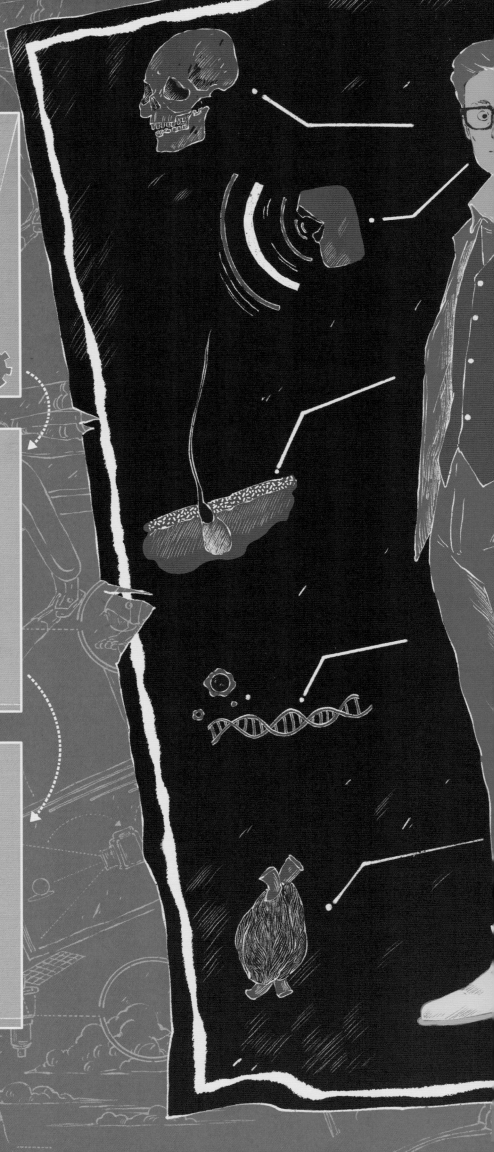

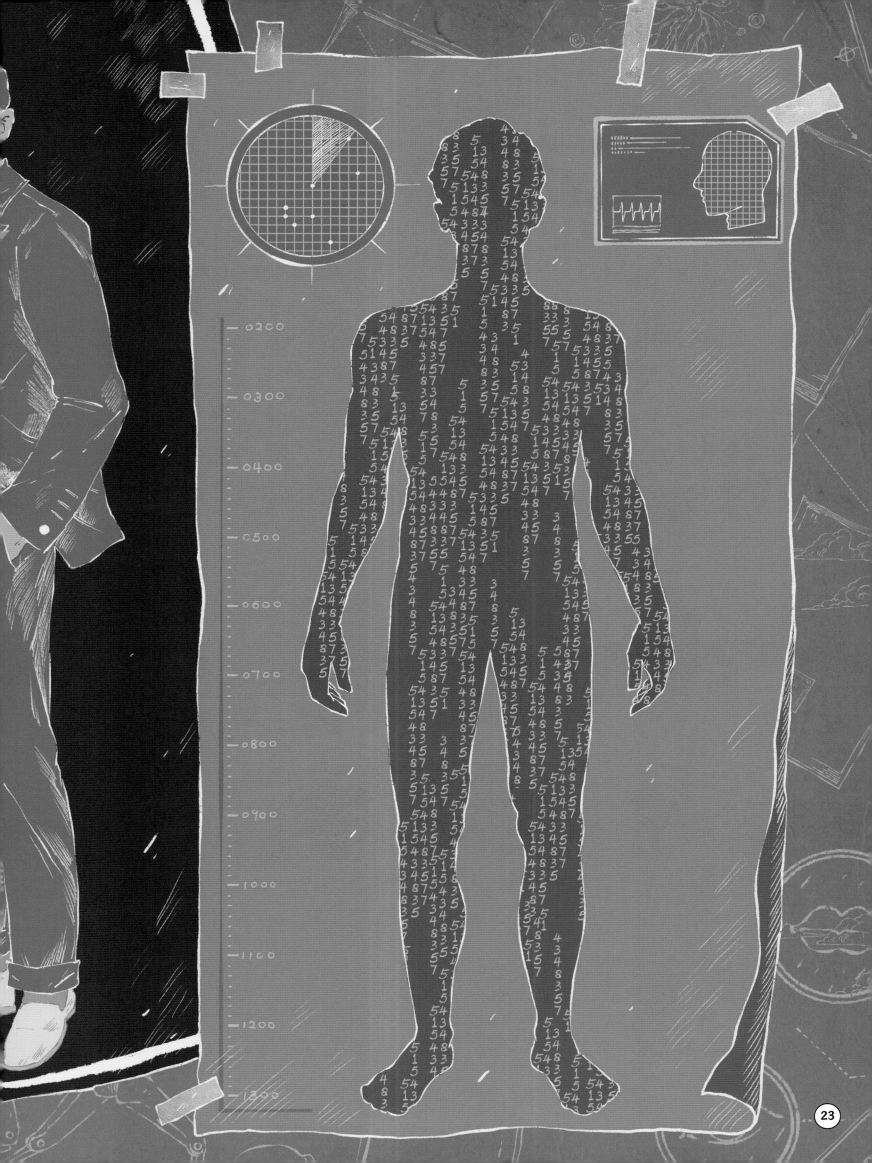

没有地图的导航

没有地图怎么找路？

记得你第一次是如何去学校、朋友家的吗？你要怎么去一个从没去过的地方呢？你可能会说，打开导航 App，输入目的地名称，定位现在的位置，然后就会自动显示出从现在的位置到目的地的路线。导航 App 之所以能够快速指路，是因为它事先掌握了强大的地图数据。

如果没有导航 App 呢？聪明的你会告诉我，拿一份地图，找到目的地位置，再找到自己的位置，然后找出两点之间最快捷的路线。如果连地图也没有呢？是不是觉得无计可施了？不用担心，人工智能来帮你解围。

无地图交互式导航环境

2018 年 DeepMind 公司提出了深度强化学习寻路方法，在没有环境地图、GPS、北斗等辅助工具的情况下：

通过卷积神经网络学习谷歌街景图像，通过特定区域的循环神经网络，记住环境并学习自己当前位置和目标位置的标识，通过区域不变循环网络产生导航策略，也就是该如何继续走。它采用的是模块化的神经网络架构，可通过迁移学习到新城市的导航。

地图是"死"的，而会强化学习、迁移学习的人工智能却是"活"的，它可以灵活适应外部环境的变化。未来，随着学习内容增多，不仅在城市，它还可以在所有你走过的环境中实现导航。

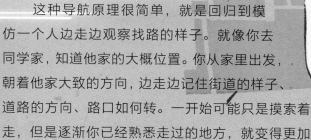

基本原理

　　这种导航原理很简单，就是回归到模仿一个人边走边观察找路的样子。就像你去同学家，知道他家的大概位置。你从家里出发，朝着他家大致的方向，边走边记住街道的样子、道路的方向、路口如何转。一开始可能只是摸索着走，但是逐渐你已经熟悉走过的地方，就变得更加自信，开始摸索新的街道。有时你可能会迷路，但通过观察太阳、看指南针或路标让你重新找到正确的路。这个过程就是之前提到过的无监督强化学习过程。观察太阳、指南针、路标，记住道路方向等方法是通用的，换到陌生的城市，这些方法同样能让你在没有地图的情况下找到目的地，这种预训练的模型被重新用在另一个任务中叫作迁移学习。

应用前景

　　或许你会说，现在手机导航 App 已经足够强大，能够通过地图快速导航，不需要这种试错式的人工智能导航。但你有没有想过，有时手机或车载导航仪地图会更新不及，又或者新城市地图数据太大而巧的是你没时间或手机没流量去下载它。

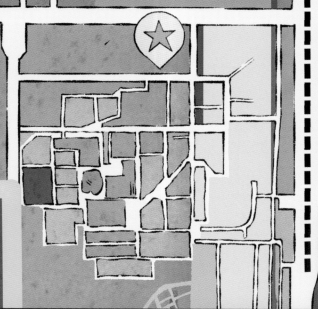

　　也许，试错式的人工智能导航将会是无人驾驶汽车、无人机必备的导航工具。

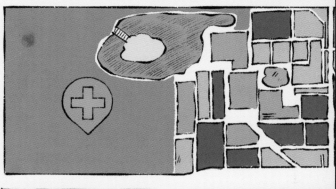

发声事小

 **与 AI 对话**

　　梁老师正在开车，他对手机说："拨打季老师电话。"电话拨通了，和季老师谈完，梁老师说："播放《岁月》。"王菲的歌声便在车里响起。"这条路有点儿堵啊！"梁老师又对手机说，"导航至学校。""已为您避开拥堵，前方路口右转。"手机说。

拨打

播放《岁

导

　　这一场景每天都在我们身边出现。语音识别功能已经成了手机 App、计算机、车载导航等必不可少的配置。

 **感知智能**

　　2010 年，苹果公司从 iPhone 4S 开始加入 Siri，使语音助手逐渐被人们熟悉。此后谷歌、微软、亚马逊、阿里巴巴、百度、三星等公司纷纷推出了自己的语音助手。随着深度学习的发展，语音识别技术取得了巨大进步。机器"听觉"已十分先进，不仅可以识别标准普通话，还能识别方言。实际上这种感知智能只是自然语言处理（NLP）中的一小部分。

Siri

C 先会"倾听"

机器能"听"懂你的话,简单地说,需要四步。首先是特征提取。如梁老师用方言说了句:"蓝瘦香菇。"那么机器就要过滤掉口音、情绪、语调等无关信息,只把"蓝(lán)瘦(shòu)香(xiāng)菇(gū)"这几个字提取出来。其次是建立声学模型。就是"蓝瘦香菇"是几个字?是一个词?还是两个词?搞清楚原来"蓝瘦"和"香菇"是两个词。

再次是建立语言模型。建立"蓝瘦、香菇"和"难受、想哭"间的对应关系。

如果100个人中只有梁老师一个人说"蓝瘦香菇"是"难受想哭"的意思,而其他99个人说"蓝瘦香菇"是"你真可爱",那么机器就会判断"蓝瘦香菇"是"你真可爱"的意思。

最后是解码搜索。机器想要真的搞明白人类千差万别的语言也需要"查字典"。如果梁老师再说一句"雨女无瓜",机器得翻它的"发音词典"才能找到是"与你无关"的意思。

D 然后"回答"

听懂了你的意思,通过信息搜索找到对应的答案,就需要通过语音合成"说"出来了。

信息搜索是回答的前提。在它正确理解你说话内容的前提下,如果机器的数据库中有对应答案,它的回答会很符合你的需要。如你问机器"蓝瘦香菇"是什么意思?它的数据库里有人标注"难受想哭",它就会告诉你"难受想哭"。如果它的数据库里没有这一条标注,可能就回答不知道或者回答你"又蓝又瘦的香菇"。

语音合成是回答的最后一步,就是将答案转化成人类声音。简单来说分三步。首先是文本分析,就是将文字意思分解为拼音、节奏等语言学信息。其次是韵律处理,就是说话抑扬顿挫、轻重缓急等。最后是声学处理,就是声音的频率、节奏。如车载导航的声音有时听起来很机械,有时可能会是甜甜的"志玲姐姐"的声音,如果录一段你的声音给车载导航进行学习,那么它就会用你的声音来导航。

作诗事中

机器诗人

机器交互目前已被广泛应用于银行、网购等自动应答上。但自然语言处理还有更强大的能力：多种语言自动翻译、自动写讲话稿、自动生成会议纪要，甚至自动写作业、写诗！

明月　家乡

生成创建

自动翻译、写讲话稿、生成会议纪要是一种"认知智能"，属于"阅读理解"，而作诗已经涉及"机器创作"了。

人工智能真的已经强大到可以"创作"了吗？答案是肯定的。以清华大学的"九歌"（网站）作诗为例，你们可以亲自体验一下。

梁老师闲游北海公园曾作诗《浮生一日》："寒枝清寂碎远光，爵炉烟笼绘墨塘。恰似惊鸿寄书影，淡写横斜随梦长。"如果让机器写会怎样？梁老师将诗的第一句输入"九歌"的界面，自动生成七言绝句，结果如下："一片寒枝碎晓霜，百年万事等浮忙。平生自有牛羊肉，此地何曾免断肠。"

同时它还给出了机器评分：通顺性 A、连贯性 C、新颖性 A、意境 D。究竟写得如何呢？

你可以评判一下。

机器写诗原理

机器写诗仍是基于自然语言处理实现的。首先要把大量的文字词语作为关键词储存到词库中，还要将大量的诗作为训练的基本数据录入，让机器学习。通过学习生成段落、行数、韵脚（尾字的末音）、词语的连贯性关系等逻辑模式，为避免每次生成的诗都一样，还要通过随意组合等引入一些随机性，最后再对结果进行过滤筛查。这仍然需要用到循环神经网络（RNN）。同样，写现代诗、小说甚至文言文也是基于上述过程，只是输入数据不同，以及在设置奖励值、筛查等方面有所差异。

机器"作家"的成就

2016年人工智能创作的小说入围了日本"星新一文学奖"。微软小冰甚至出了一本诗集《阳光失了玻璃窗》，售卖给人类！人工智能在文学界的开疆拓土引发了人们的思考，2019年就有专家学者就人工智能与文学创作的关系展开讨论。专家观点大致分为两派：

一方认为人工智能不过是模仿，不具备感情、审美和独立创作能力；

另一方认为，人工智能会在文学创作上取代人类吗？

考试事大

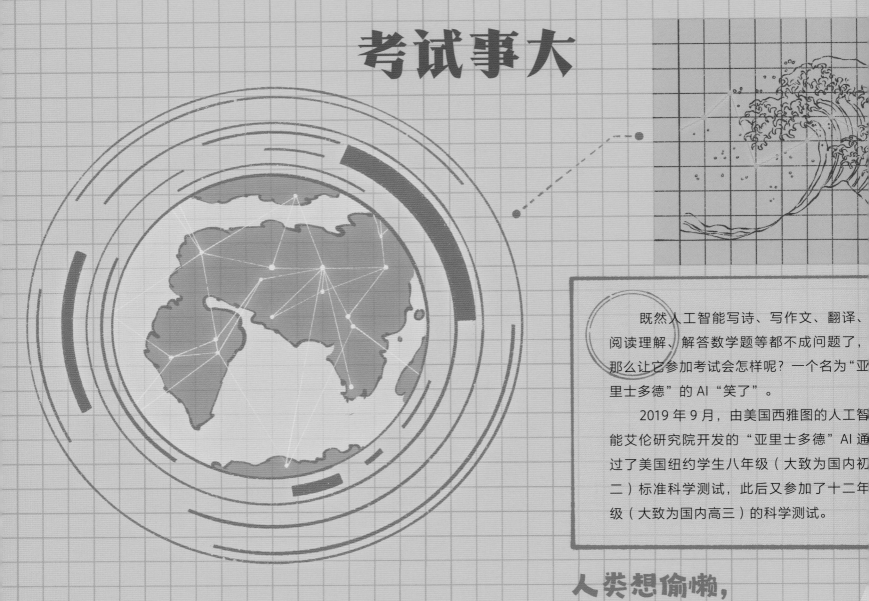

既然人工智能写诗、写作文、翻译、阅读理解、解答数学题等都不成问题了，那么让它参加考试会怎样呢？一个名为"亚里士多德"的 AI"笑了"。

2019 年 9 月，由美国西雅图的人工智能艾伦研究院开发的"亚里士多德"AI 通过了美国纽约学生八年级（大致为国内初二）标准科学测试，此后又参加了十二年级（大致为国内高三）的科学测试。

人类想偷懒，机器就发笑

不过因为没有眼睛"看"，试卷剔除掉了包含图片和图表的题目，只保留多选题。100 分的卷子"亚里士多德"分别考了 90 多分和 80 多分。科学测试内容包括物理、化学、生物、地理等，而且不是只靠死记硬背或记住规则就能正确作答的，往往还需要进行逻辑推理。如科学家预言："水不久将成为一个深刻的社会危机。"这是因为（ ）：

A．地球上水很少，不能满足人类的需要；

B．土地沙漠化；

C．由于地球表面气温的作用，水会被不断蒸发；

D．人类活动使水不断被污染，致使淡水资源越来越紧缺。

想要答对这一题，AI 必须理解题目的言外之意，同时能够推理出"土地沙漠化"会导致破坏生态、无法涵养水资源。

其实人类连考试都想偷懒不是一天两天了。早在 2016 年就曾有 700 多名计算机科学家派出他们的"学生"AI 参加八年级科学测验，谁通过考试便可获得 8 万美金的奖励。不过这些 AI 全部挂科了。

亚里士多德（公元前 384—前 322 年），古代先哲，古希腊人，世界古代史上伟大的哲学家、科学家和教育家之一，堪称希腊哲学的集大成者。他是柏拉图的学生，亚历山大的老师。

"学霸"诞生

为什么难住众 AI 的八年级科学测试，"亚里士多德"却能取得高分呢？

下面详细讲一下"学霸"是怎样炼成的。

在"亚里士多德"诞生之前，艾伦研究院派 AI 去参加了那场考试，也挂科了。这是因为那时的自然语言处理技术还没有足够高的语义理解和逻辑推理能力。直到 2018 年谷歌发布来自变换器的双向编码器表征量（BERT）模型。该模型摒弃了传统自然语言处理中采用的循环神经网络和卷积神经网络（CNN），而采用了一种高度并行的变换器（Transformer），这极大地提高了其性能和训练速度。它的双向编码器使它又必须"记住上下文"，这确保了训练的精度。

"亚里士多德"就是基于 BERT 模型开发的。它进行了覆盖面极广、数量巨大的"背题"和训练。针对不同类型的考题，"亚里士多德"被设计为包括八种不同类型的智能体（Agent）。如在数据库中查找答案的智能体、检查相关概念列表的智能体、进行定性推理的智能体等。做题时，每个智能体对多选题可能的答案给出一个正确与否的概率，"亚里士多德"再对选项进行加权选择并多轮优化。如上文提到的选择题"水""社会危机"被找出，然后进行知识联系，水土流失导致的"土地沙漠化"、人类活动导致"水污染"等知识联系的概率较高，因此定位 B、D 为选项。

所以，机器"学霸"也是靠大量学习才炼成的。

云端的知心姐姐

谁人懂你心？

在玩手机、计算机上网时你有没有发现，机器越来越"懂你"？你刚用手机浏览了"美到逆天的《千与千寻》"，购物 App 就自动推送给你宫崎骏动画全集、学画宫崎骏风格水彩、千寻抱枕、无脸男音乐盒等，导航 App 给你标出宫崎骏动漫风格咖啡屋，打开小视频 App 播放的是《天空之城》同款绘画方法，甚至连音乐 App 给你推送的都是久石让的《On Summer's Day》。

就好像网络里住着一个"知心姐姐"，它在通过你的只言片语推断着你的好恶，然后只挑你喜欢的东西呈现给你。其实这并不是什么看不见的"知心姐姐"，而是基于知识的智能信息推荐系统。

你的习惯，它的知识

上网时，从你敲下键盘那一刻起，网络就在记录你输入的每一个字符。不仅如此，你在哪个页面停留多长时间也会被记录下来，作为判断你对页面内容是否感兴趣的依据。如果你在页面上留言或点赞，这将更有助于它们判断你的喜好和习惯等。输入内容、浏览时间、点赞或吐槽等这些形成的数据会被作为知识进行记录。特别是在网购时，如果你一般货比三家才下订单，它学习到你这种消费模式后，并不会在第一时间把最想卖给你的东西推送给你。

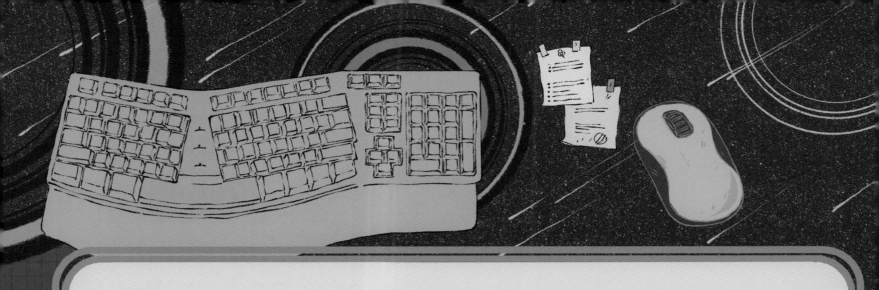

算法原理

　　基于知识的智能信息推荐系统的核心是深度学习，将少量用户习惯作为标注数据进行训练，对推荐给用户的信息进行排序，当推荐的服务被用户长时间浏览、点赞或是选择"订购"商品，那么这项行为将被看作"奖励"进行强化。与传统的信息推荐相比，智能信息推荐不需要事先进行大量人工标注，也就是不用人事先把你上网的习惯告诉机器是什么意思，而是通过深度神经网络来训练模型。

应用前景

　　随着数据量的增加、算法的不断改进，智能信息推荐将越来越精准地掌握一个人的兴趣爱好、习惯、需求等。随着便利度的增加，为了更快获得满足，人们更倾向享受这种"知心"服务。这也引发人们怕被推荐信息蒙蔽、变懒变笨的担心。不过，智能信息推荐也开始被教育学家们所应用，利用它"因材施教"，针对学生特点进行"个性化"教学。

　　也就是说，页面上排在第一个的往往不是你最想要的，而是网站最想让你先看到的。当然，各类软件对于个人信息的收集远远不止这些：你的性别、年龄、家庭住址、单位地址、电话号码等身份信息都在你"注册"时被收集。这些都将有助于这个系统更为全面地了解你。

活起来的画中人

画中人活了

MONALISA

　　还记得电影《哈利·波特》里的墙上的魔法人物肖像画吗？就好像画里住着活人一般。可能你会说，不就是Gif动态图吗？不过是截取了一段视频制作成的，实质是小动画。如果没有录制视频呢？能否让画中的人也动起来呢？

　　2019年莫斯科三星AI Lab发布了他们的研究成果，仅用一张图，就让画中的人动了起来。其实不仅仅是蒙娜丽莎，包括爱因斯坦、玛丽莲·梦露，只要你有这个人的一张照片，就可以让他/她"活"起来，能以视频形式跟你"说话"。

小样本学习

这种让人物动起来的技术不用 3D 建模，也不用大量的同类型照片进行学习，真的只需一张图片。这种技术被称为"小样本学习"。

小样本学习并不是新出现的概念。在机器学习应用取得巨大成功时人们就发现，这些成功依赖于海量数据，而且是标注数据。有多少"智能"就得先付出多少"人工"去标注数据。而无标注数据的非监督学习结果并不令人满意。

那么，能不能"又让马儿跑，又让马儿不吃草"呢？小样本学习就这样诞生了。

小样本学习的原理是模仿人类通过已有知识进行新的学习的过程。如一个没有见过斑马的人见过几张普通马的照片。如果告诉他，斑马就是有黑白条纹的马，那么他也能从众多照片中找到哪一张是斑马。这个学习过程被称为"元学习"。

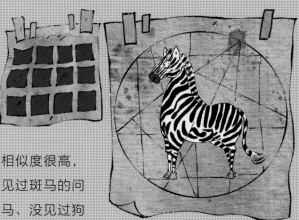

元学习就是先在其他数据集上训练，就是例子中的通过普通马的照片认识马的特征。当然这种方法的效果和两个数据集的相似度有关。斑马也是马，所以两个数据集相似度很高，那么学到的先验知识可以很好地解决事先没有见过斑马的问题。如果差异很大，就不行了。就好像只见过马、没见过狗的照片，却让你分辨一只狗是泰迪还是金毛。

回到之前的话题，小样本究竟如何让画中人动起来？过程就像你把蒙娜丽莎的脸做成面具戴在自己的脸上，录了一段视频来放，需要四步。

活起来需要四步

第一步，把画中蒙娜丽莎的脸看成一张有坐标、有方向的地图，使用嵌入式网络将图像中的面部特征（眼睛、嘴巴）转化为这个地图上的坐标和方向，称为向量。

第二步，你录了一段自己说话、微笑的视频，用生成式网络把视频中你的面部表情复制到蒙娜丽莎的面部地图中。

第三步，鉴别器网络将蒙娜丽莎脸的向量粘贴到你说话、微笑视频在面部地图上的位置。

第四步，做完作业要检查，看看蒙娜丽莎与你录的那段视频的匹配程度。这样只需一幅画就可以让画中人活起来啦！

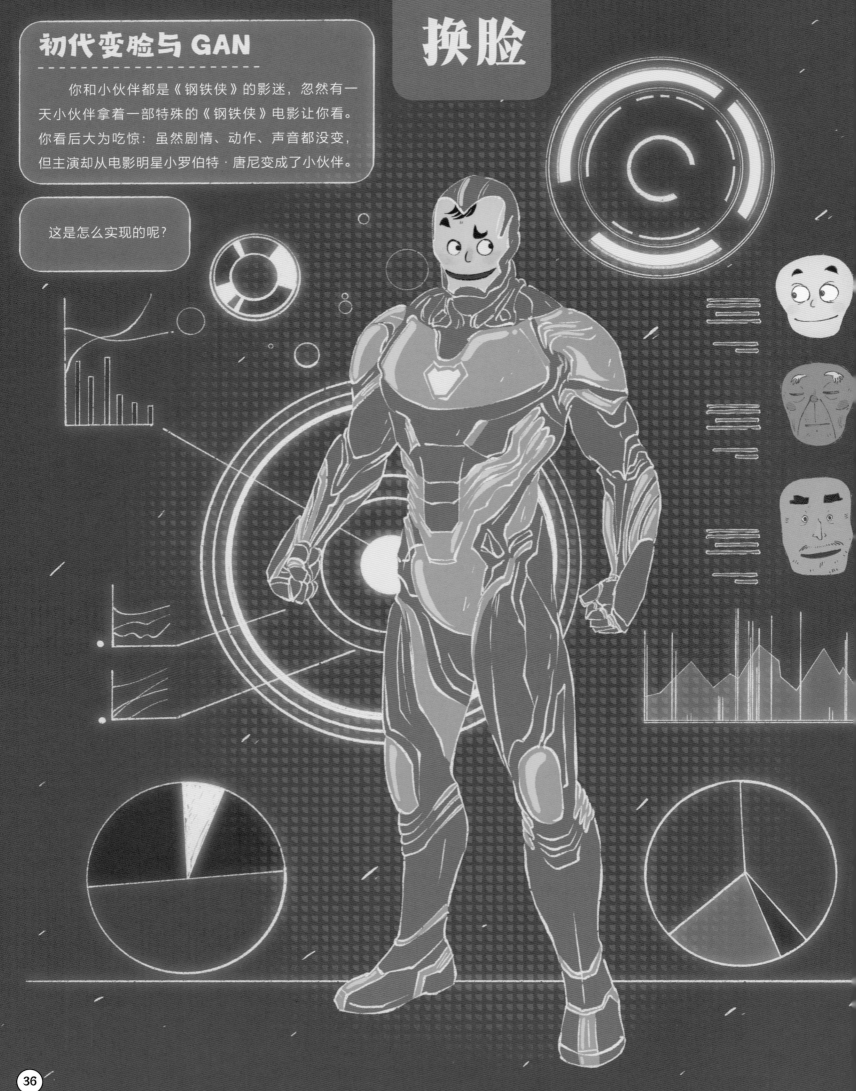

初代变脸与 GAN

换脸

你和小伙伴都是《钢铁侠》的影迷，忽然有一天小伙伴拿着一部特殊的《钢铁侠》电影让你看。你看后大为吃惊：虽然剧情、动作、声音都没变，但主演却从电影明星小罗伯特·唐尼变成了小伙伴。

这是怎么实现的呢？

2017 年底出现了一个名为 DeepFack 的换脸软件，一开始只是利用自编码解码技术将扭曲的人脸图片还原，直到 2018 年引入了生成对抗网络（GAN），则彻底变成了一键换脸。它不但降低了同等条件下的模型参数量和模型复杂度，同时使生成的人脸更为清晰、真实。显著提升了换脸的效果。

由于 DeepFack 还是个开源软件，它马上火了起来。此后，还有一批同类软件诞生，如 ZAO 小视频换脸软件等。

换脸的原理和前面提到的让画活起来的原理差不多，也是把 A 脸的特征迁移到 B 脸上，然后融合背景使之看起来更自然。在 DeepFack 基础上，工程师一直追求让换脸看起来更自然、更逼真。陆续出现了一批换脸模型，如 FaceSwap、Nirkin、FaceForensics++、IPGAN 等模型。

二代换脸

动物的脸可以被换掉吗？答案是肯定的。2019 年，一家名为 Clova Research 机构的研究团队提出了 StarGAN 2.0 版，实现了猫、狗、老虎、豹子等动物之间的换脸。试想下，你抚摸着一只猫头狗身的动物是什么感觉？

保护自己的脸

由于换脸软件会被一些人用于违法的事，因此包括中国在内，它在许多国家被禁止了。怎样防止这种事情发生呢？首先要保护好自己的肖像信息，不要随便在朋友圈、微博等发布含有自己和家人脸部的照片。其次，要和家长约定几个别人不知道的事。这样，即便有人伪造视频、声音，也说不出那些事的细节。

戳穿假脸！

在这个技术发达的时代，我们要怎样保护自己不被虚假的视频和声音伤害？有矛就有盾，成于 AI 自然也要让它败于 AI。一些科研团队纷纷推出面部假图像检测工具。如美国国防高级研究计划局的 Media Forensics 计划设计了一种系统，通过查找不自然的闪烁等提示，自动检测 AI 生成的视频。微软公司和北京大学合作开发出了 Face X-ray，通过生成灰度图像，看看图像中像素是否具有不同来源以检测假脸。商汤公司与新加坡南洋理工大学合作设计了新的大规模基准 DeeperForensics 1.0 来检测人脸伪造。不论这些检测手段是否真正有效，从现在起，至少要做好自我脸部信息保护。或许在未来，你的脸将成为你巨大的财富。

发现行星的少年

自古英雄出少年

据 BBC 报道，2019 年纽约 17 岁的高中生沃尔夫·库基尔在暑假期间到 NASA 担任实习生的第三天，就发现了一颗新行星。这颗被太空望远镜"凌日系外行星巡天卫星"（TESS）发现的行星位于距地球 1300 光年的绘架座，围绕着两颗恒星运行。

接受采访时，库基尔说："实习的第三天，我看到 TOI 1338 系统发出信号。起初，我认为这是一次星食（卫星挡住恒星使其光变弱，如日食）现象，但发现时机并不对，原来那是一颗新行星。"

在对库基尔的发现进行确认后，NASA 在官网宣布将新行星命名为"TOI 1338 b"，并在美国天文学会第 235 次会议上提交了库基尔与其他科研人员合著的论文，以便进行科学查证。

发现行星必须有神器

库基尔的发现依赖于"神器"TESS 拍摄的大量恒星亮度变化数据。TESS 使用 4 个 100 毫米口径的照相机，用 30 分钟曝光时间拍摄一片天空区域，连续拍摄 27 ~ 351 天，以此来绘制恒星亮度随时间变化的图表。如行星经过恒星（凌星）的前方，它会阻挡一部分光线，导致恒星亮度下降。光有 TESS 拍摄的海量数据还不行，还要依靠"神器"深度学习等工具来进行图像处理，自动对比成千上万张图片中星光的微弱差异。当有明显的星食或凌星时，会发出信号，并给出对应的数据集。库基尔就是在查看这一信号时有了发现。如果对比图片的工作改为人工，那将是何等艰巨的任务。

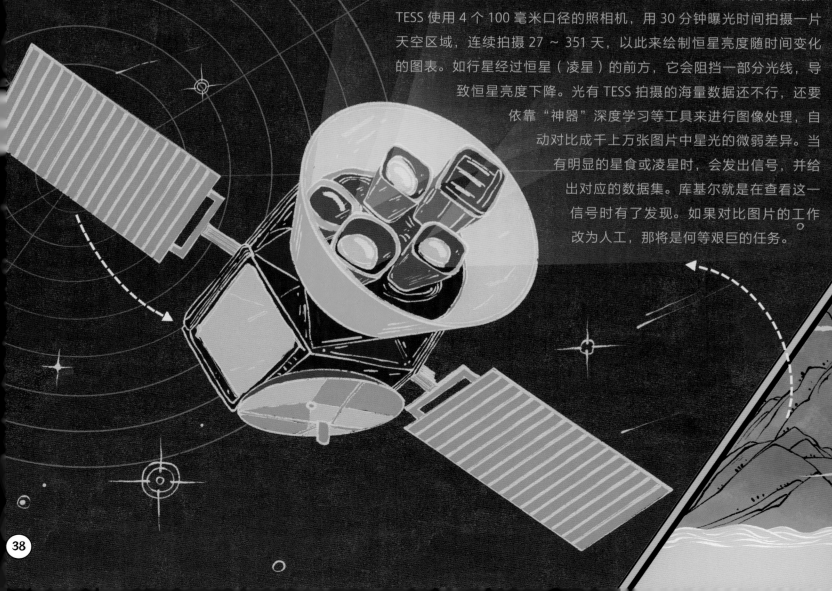

发现行星也有运气

这一发现包括一定的运气成分。库基尔一直在查看双星系统所有的数据。所谓双星系统就是两颗恒星围绕彼此旋转的系统，这种系统每绕一圈就会出现两颗恒星互食，导致其亮度周期性变暗，也就是说每个轨道都会发生星食。这样就会导致掩盖行星凌星现象，使凌星现象易被忽略。库基尔说，"作为电影《星球大战》的粉丝，在发现该行星时，随即联想到的就是绝地武士卢克的家乡'塔图因'行星，该行星亦是围绕两颗恒星运转的。"

发现行星最重要的是知识

双星系统的凌星现象比单星系统更难检测。据悉"TOI 1338b"的凌星现象是不规律的，由于其恒星的轨道运动、深度和持续时间各不相同，大约每93～95天才能观测到一次。而 TESS 只能观测到横穿较大恒星的凌星现象，较小恒星的凌星现象太微弱，以至于无法检测到。

库基尔的成功也源于他扎实的天文知识和超强的自学能力。他在 NASA 的辅导老师科斯托夫说："我给了他我们所做事情的概要，他自学了一切。他学得真快。他对这一领域的了解真的很好。"库基尔则表示，他的目标是进入普林斯顿、斯坦福等一流大学。据说，当他发现新行星的消息传出后，许多大学向他抛出了橄榄枝。

抓捕蒙面逃犯

人脸识别能抓逃犯

目前，人工智能已被广泛应用在安保领域，如机场、银行、车站等。在和公安系统的信息系统联网后，许多逃犯都被无处不在的"天眼"搜索了出来。据说在歌星张学友的演唱会上，靠 AI 人脸识别抓获了若干名逃犯。

人脸识别的原理和发现行星一样，源于通过深度学习对人脸进行检测、进行面部特征点定位、进行特征点提取和比对。然而，人脸识别系统并不是没有漏洞。摄像机离逃犯太远，逃犯进行伪装（蒙面或整容），人脸识别则难以识别。那么有没有什么办法破解这个难题呢？

步态识别能抓蒙面逃犯

《碟中谍》系列电影中阿汤哥和团队经常靠一张 3D 打印的假脸伪装成各种人完成任务，直到《碟中谍 5》中假面易容居然无效了，因为要入侵的地方有"步态识别系统"。什么是步态识别呢？简单地说，就是把一个人走路的姿势状态作为特征来识别。每个人骨骼大小、肌肉强度、重心高度及神经灵敏度都不一样，这些决定了一个人的步态是唯一的和稳定的。也就是说，你想模仿一个人走路的习惯，可能模仿得很像，人无法识别，但 AI 却能识别细微差别。而且不像人脸识别，通常需要近距离观察的人保持面部裸露，步态识别则不需要，它可以远距离对一个蒙面的人进行识别。

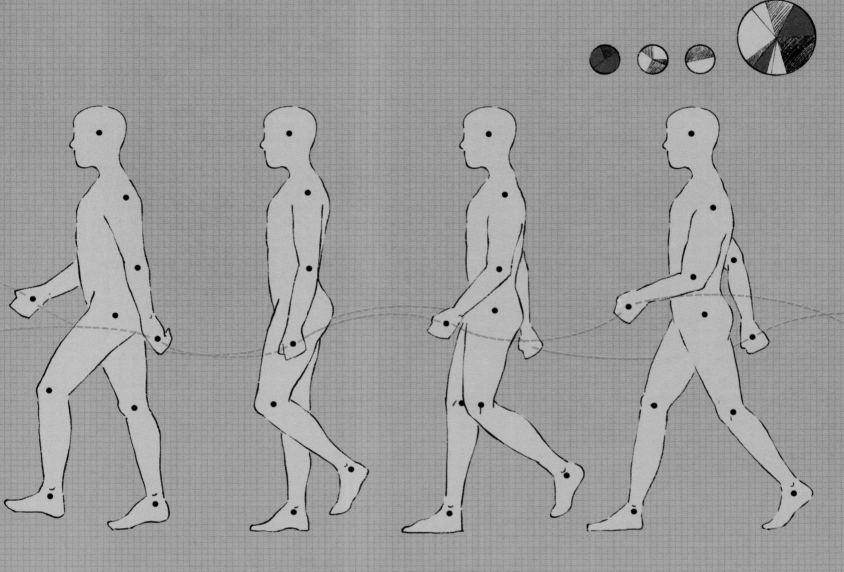

识别原理

步态识别的基本原理与人脸识别相似，只是在图像预处理、特征提取等方面采用的算法不同。首先对摄像机拍到的人走路视频进行运动检测、分割，完成特征提取；其次，构建步态模式库；最后，将新采集的步态特征与数据库的步态比对识别。

不过，并不是说在安保方面步态识别一定比人脸识别更好。目前，用于步态识别的算法有许多种，由于这种技术刚起步，识别成功率并不稳定。人脸识别技术则相对成熟，在机场、银行、车站等身份核验中，人脸识别只需拍一张照片（步态需要走一段路的视频）即可，因此人脸识别比步态识别速度更快。

一个人拍电影

拍电影要多少人？

每次电影结束时，是不是总被最后翻滚的字幕弄得眼花缭乱？导演、制片、编剧、摄影、摄像、剪辑、舞台、剧务、演员、特效、调色、校对……快速闪过让你不得不惊叹：完成一部电影原来需要这么多人啊！

拍一部电影最少要多少人？假设老师布置给我们拍一段不以第一人称视角的小故事视频为作业的话，那么至少摄像师和演员要2个人。而且摄像师要拿着拍摄工具跟着演员跑，还要一刻不停地盯着镜头，画面一不满意就喊"咔"！

或许你会说，也不一定啊，我们上的网课，老师就是一个人拍摄完成的，而且只要一部手机。

OBSBOT 寻影

目前手尚不具备镜跟随、自动图和变焦及空控制等功能

2018年12月，一部自导演摄像机"OBSBOT 寻影"亮相。所谓的"自导演"就是它能够深度视觉追踪、动作识别、姿态估计、行为分析、自动变焦构图等，也就是这部摄像机具有智能功能。

又是体态识别！

　　这部"自导演"摄像机的核心技术和前面提到的"步态识别"相似，它的本质是基于体态深度测量的人机交互。如果你玩过微软的 Xbox，那你一定对 2010 年面世的 3D 体感摄影机 Kinect 不陌生。它具有即时动态捕捉、影像辨识、麦克风输入、语音辨识、社群互动等功能，你可以在自家客厅中挥拳，让你游戏中的角色挥出同样动作的拳头打击敌人，通过识别你的脸让你登录游戏。体态深度测量的前提是感知图像。它首先要看到，图像在它"眼中"是以距离镜头远近的点形式呈现的。

　　然后是追踪人或动物。它们通过图像分割策略，将人体从背景环境中区分出来（绿色的人体）。然后采用深度学习对分割后的图像像素进行分类，判断这些像素属于哪个身体部位。判断后即生成骨架系统，并形成关节点数量（红色人体）。关节点数量越多，体态模型越精确，计算量也越大。前文提到的步态识别的关节点数量往往较少，它的检测精度相对较低，使用距离相对较远。因为图像分辨率高、模型精确，所以自导演摄像机和 Kinect 都可以在近距离情况下进行手势识别。最后，根据这些关节点位置进行模型匹配，也就是你的动作代表什么意思。当然，辨认部位和模型匹配都是摄像机和游戏机生产商在发布前就通过海量数据进行训练才形成的模型。

　　不论是自导演摄像机、微软的 Kinect，还是已经出现的隔空控制电视等，都会使我们的生活越来越便利。这种精准的体态识别势必带来人机交互方式的变革。

鬼成像与穿墙透视

照相机"见鬼"？

早晨大雾，你独自拿着一个特殊的照相机对着空荡荡的操场想拍下大雾的照片。查看照片却发现操场上站着一个根本不存在的人！你会不会认为"有鬼"？

通常，我们将照射到物体然后反射到我们眼中使我们"看见"的光走的道路称为光路。照相机也是这个原理。也就是说要看见物体，射到眼睛或者照相机的光路必须经过物体。然而，"鬼成像"却不用。它是 1995 年由美国马里兰大学完成的量子成像实验提出的成像方法，直到近年随着图像处理等技术进步才逐步接近实用。所谓"鬼"，其实是指用于创建照片的光从未与被拍摄的物体交互过。当然，你拍到的人并不是真的凭空出现。

事实上，还有一条探测光路。不过另一条光路并不对着操场，甚至都不在你旁边，也就是说物体探测和成像是分开的，如"隔空取物"一般。另外那条探测光路偷偷照在某人身上并将数据传回你的相机，才有了有人影的照片。

当然，这两条光路信息都不能独立成像，必须进行叠加运算，所以"鬼成像"又称双光子成像或关联成像。"鬼成像"想要实际应用还需相应的目标识别算法，降低图像信噪比，提升识别率。

更牛的"穿墙透视"

尽管"鬼成像"可以用于穿透浓雾、看穿人体等，但它还是无法拍摄连探测光路也照不到的物体。试想一下，你在路上走，转角开过来一辆没有声音的汽车，你怎么才能预先知道而躲避呢？

2012年，麻省理工学院教授比尔·弗里曼提出通过周围环境肉眼看不见的暗图像来推断不能直接"看见"信息的"非视线成像"来实现隔墙观物。

但它并非真正能穿墙，而是通过捕捉墙后物体散射光，再进行图像增强、特征提取等图像处理实现的。就好像你和小伙伴玩捉迷藏，你们之间隔了一堵墙A，但旁边还有堵墙B。你用手电照B墙，光反射到小伙伴身上，再由他身上散射到B墙上，你的眼睛虽然看不见B墙上小伙伴的影子，但你的人工智能助手却通过图像变换增强等发现了他。

"非视线成像" 可以广泛应用于导航、自动驾驶、医学、安保、机器人等领域。但不论是"鬼成像"还是非视线成像，都必须通过图像增强、特征提取等计算机视觉技术来实现。特别是想要获得精确、稳健的目标图像，深度学习算法必不可少。

越来越像人的机器人

机器人与无人系统

提起机器人，你认为它应该是什么样子？哆啦A梦、变形金刚、终结者、阿童木、瓦力……？它们上天入地，往往能完成许多惊人之举，不论是在体力还是智力上，人类都无法企及。是的，虽然与期望还相差甚远，但我们生活中已经常可见机器人的身影。甚至出现了无人工厂、无人码头，完全由机器人代替人类来工作。

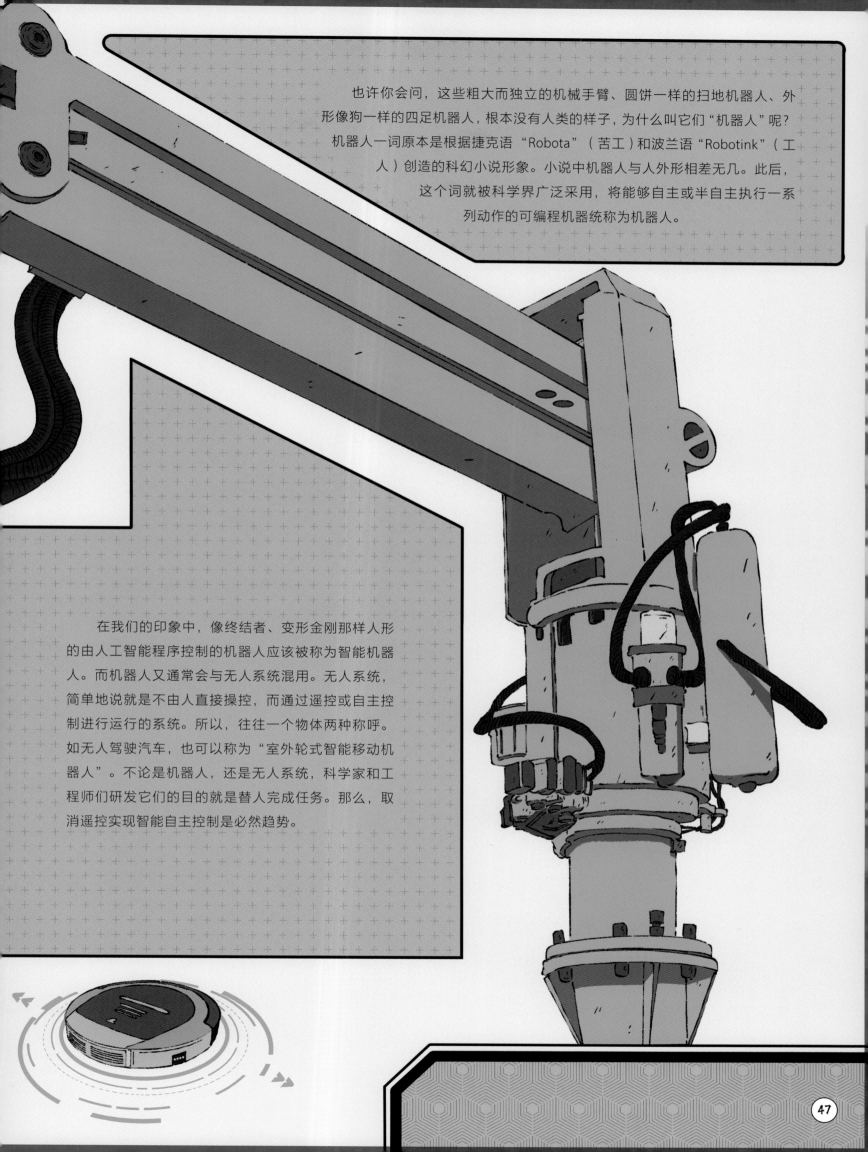

也许你会问，这些粗大而独立的机械手臂、圆饼一样的扫地机器人、外形像狗一样的四足机器人，根本没有人类的样子，为什么叫它们"机器人"呢？机器人一词原本是根据捷克语"Robota"（苦工）和波兰语"Robotink"（工人）创造的科幻小说形象。小说中机器人与人外形相差无几。此后，这个词就被科学界广泛采用，将能够自主或半自主执行一系列动作的可编程机器统称为机器人。

在我们的印象中，像终结者、变形金刚那样人形的由人工智能程序控制的机器人应该被称为智能机器人。而机器人又通常会与无人系统混用。无人系统，简单地说就是不由人直接操控，而通过遥控或自主控制进行运行的系统。所以，往往一个物体两种称呼。如无人驾驶汽车，也可以称为"室外轮式智能移动机器人"。不论是机器人，还是无人系统，科学家和工程师们研发它们的目的就是替人完成任务。那么，取消遥控实现智能自主控制是必然趋势。

像人的机器人

首先要像人一样能看、听、尝、闻、触摸。

融合视、听、味、嗅、触五感，才能完整认识所处环境和接触到的事物。

超越人类感官

　　机器人想自主完成任务，通常涉及智能感知、智能推理决策、智能交互等方面的应用技术，而这些通常需要在计算机视觉、专家系统、深度学习、自然语言处理等方面进行开发。如智能感知，就是让机器能够看、听、闻、触摸、品尝味道等模仿人体的感觉。前文已介绍过人工智能如何看和听了。那你有没有听过它能够尝味道、闻气味和有触觉？

　　先说尝味道。2006 年，美国麻省理工学院的两位科学家发明了一把智能勺子。拿勺子舀起菜肴，它就能通过采集菜肴的温度、酸度、咸度及黏稠度等信息，对信息进行分析，给出菜肴味道是否过咸等方面的提醒。

　　再说闻气味。2020 年 3 月 15 日，美国英特尔公司和康奈尔大学共同宣布：基于英特尔 Loihi 人工智能芯片和传感器，开发出了类人类嗅觉能力的新技术。它能够快速准确地"闻"出 10 种有毒的化学气味。它首先将传感器对各种气味的反应转变成信号数据传递给 Loihi 芯片，由 Loihi 芯片模仿人类大脑嗅球神经元细胞感知气味做出判断。在此项技术之前，也有基于人工智能和深度学习的人工嗅觉研究，但都需要用到大量数据、消耗极高计算资源和训练很长时间才能实现。而基于 Loihi 芯片技术模仿人类嗅球神经元，只用极低的能量消耗和极小的数据就能完成。

最后说触摸。早在 2003 年，人类就已经发明了电子皮肤，可以"感觉"到压力。此后，随着微机电系统、纳米技术等的发展，科学家们把非常薄却十分灵敏的传感器制成近似人类皮肤一般，能够感受温度和压力。

目前，电子皮肤已经应用到机器人上。2010 年，美国 NASA 的 Robonaut2 太空机器人就采用了电子皮肤，代替航天员完成一些精巧却危险的工作。

不仅如此，机器人的自主控制已经能做出许多人类难以完成的动作，如单手解魔方、下腰、带 360° 后空翻的机器人体操等。

2019 年，美国通用人工智能研究组织 OpenAI 发布了类人机器人手 Dactyl，通过机器自主学习，实现了单手解魔方。Dactyl 采用强化学习算法自主学习，而非专门为解魔方设计对应的算法，通过模仿人类手的复杂性，经过相当于上千年的时间进行算法训练，最终实现单手解魔方。

美国波士顿动力公司的双足人形机器人 Atlas 一直是类人机器人领域的明星，打问世起，它就常常做出惊人之举。如今，随着算法的改进和机器学习训练的深入，它不但能完成行走、障碍跑跳，还能做出前空翻、空中 360° 转体、360° 后空翻等普通人都难以做出的体操动作。

2020 年 12 月，我 Atlas 和机器狗 Spot、搬运工 Handle 跳了一段机器人舞，你看过吗？

AI 领域的牛人

科学技术的发展终究是靠人来推动的，人工智能发展至今，离不开那些在此领域深耕不辍的科学家、工程师们。

艾伦·麦席森·图灵

艾伦·麦席森·图灵是英国数学家、计算机学家。他试图解决人工智能中有争议的问题，即"计算机是否有智能"，并以此提出了著名的"图灵测试"，这使图灵赢得了"人工智能之父"的桂冠。第二次世界大战期间，图灵曾带队在伦敦郊区的公园破解了德国的"Enigma 密码"，为盟军胜利发挥了决定性作用。

杰弗里·辛顿，谷歌副总裁兼工程研究员、维克托研究所首席科学顾问、多伦多大学名誉教授。他将神经网络带入到研究与应用的热潮，将"深度学习"从边缘课题变成现代人工智能依赖的核心技术，并将反向传播算法应用到神经网络与深度学习，被称为"神经网络之父""深度学习鼻祖""AI 教父"，又被称为"人工智能三巨头"之一。辛顿 2012 年获得加拿大基廉奖，这是有"加拿大诺贝尔奖"之称的国家最高科学奖。

杰弗里·辛顿

让 AI 替代人重复枯燥的工作，从而让世界变得更美好，让幻想变成现实，让未来加速到来。

约翰·麦卡锡

约翰·麦卡锡，是 1956 年达特茅斯会议主要发起人，并提出了"人工智能"一词，将数学逻辑应用到了人工智能的早期形成中，被称为"人工智能之父"。麦卡锡教授曾在麻省理工学院、达特茅斯学院、普林斯顿大学和斯坦福大学工作。发明了 LISP 编程语言中最重要的功能 Eval，推动 LISP 成为人工智能程序的标准语言。鉴于他对人工智能做出的贡献，麦卡锡于 1971 年获得图灵奖。

马文·明斯基

克劳德·艾尔伍德·香农

克劳德·艾尔伍德·香农是美国数学家，被称为"信息论之父"。他曾在普林斯顿高级研究所、贝尔实验室工作，并任麻省理工学院教授。他创造了"信息熵"的概念，为信息论和数字通信奠定了基础。香农获得过许多奖项，如美国工程师奖、无线电工程师协会纪念奖章、富兰克林协会奖章、电子电气工程师协会荣誉奖章、美国国家科学奖章、哈维奖、美国声频技术协会金奖等。

马文·明斯基与麦卡锡联合发起达特茅斯会议，提出人工智能概念，并建立了世界上第一个人工智能实验室，被同称为"人工智能之父"。他是首位因人工智能被授予图灵奖的科学家。他的研究引领了人工智能、认知心理学、神经网络、图灵机理论和回归函数等领域的发展潮流，并在图像处理领域、符号计算、知识表示、计算语义学、机器感知和符号连接学习领域做出了许多贡献。他发明了世界上第一款光学扫描仪，以及带有扫描仪和触觉传感器的 14 度自由机械手，开发了世界上最早的能模拟人类活动的机器人 Robot C。

雅恩·乐昆

雅恩·乐昆，纽约大学终身教授，Facebook 人工智能研究院前负责人，IJCV、PAMI 和 IEEE Trans（计算机与人工智能领域顶级期刊）的审稿人，"三巨头"之一。乐昆因发明了卷积神经网络被称为"卷积神经网络之父"，他创建了学习表征国际会议（ICLR）并担任主席。开发了 LeNet5，并制作了被称为"机器学习界的果蝇"的经典数据集 MNIST。

2014 年获得了 IEEE 神经网络领军人物奖，2014 年 IEEE 神经网络先驱奖，2015 年 IEEE PAMI 杰出研究员奖，2018 年荣获图灵奖。

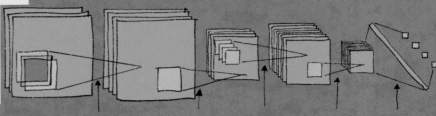

塞巴斯蒂安·特伦

塞巴斯蒂安·特伦，德国计算机学家，原卡内基－梅隆大学计算机科学学院、斯坦福大学教授，谷歌公司前副总裁，谷歌无人驾驶汽车之父，在线学习大学 Udacity 总裁。特伦以对机器人技术，特别是概率机器人的理论贡献而闻名，他创立了 Google X，开发了无人驾驶汽车、谷歌眼镜、谷歌大脑、室内导航、谷歌无人机项目、谷歌热气球无线网络等。

曾获美国国家科学基金会新秀奖、Max-Planck 研究奖、首届 AAAI Ed Feigenbaum 奖等，并当选为美国国家工程院院士、利奥波第那科学院院士。

比尔·戴利

比尔·戴利，斯坦福大学计算机系主任、NVIDIA 公司首席科学家，是并行计算与超大型集成电路处理领域的顶级科学家，人工智能计算芯片的先驱，被称为"GPU 之父"。他领导团队开发的系统架构、网络架构、信号、路由和同步技术至今仍广泛使用在全球各地的超级计算机中。曾入选美国艺术与科学学院院士、美国电气与电子工程师协会（IEEE）以及美国计算机协会（ACM）院士，曾获 IEEE Seymour Cray 以及 ACM Maurice Wilkes 大奖。

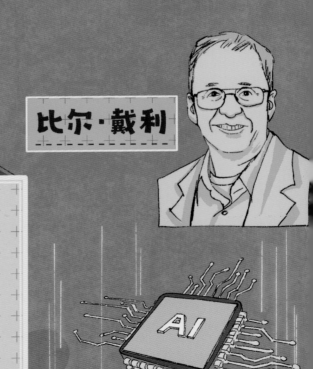

约舒亚·本吉奥

约书亚·本吉奥，加拿大蒙特利尔大学教授，蒙特利尔学习算法研究所（MILA）创始人和科学主任，"三巨头"之一。他是深度学习的先驱，开创了神经网络语言模型的先河。2009 年获 ACFAS Urgel-Archambault 奖，2017 年成为加拿大皇家学会会员，获 2018 年加拿大 AI 协会终身成就奖、2018 年图灵奖。2019 年 Killam 计算机科学奖和 IEEE 计算智能学会颁发的 IEEE CIS 神经网络先锋奖。

迈克尔·乔丹

迈克尔·乔丹，加州大学伯克利分校教授，因在机器学习领域的突出贡献，被称为"机器学习之父"。乔丹教授对机器学习、概率统计和神经网络有着深入的探索和非凡的成就，他的许多论文已成为当代 AI 应用的基础，包括虚拟现实（VR）、增强现实（AR），及"围棋上帝"阿尔法狗。

如何成为 AI 科学家 / 工程师

要如何成为一个人工智能领域的工程师乃至科学家呢？一般来说，当然是通过努力学习进入一所开设人工智能专业、并有"大咖"作为导师领路的牛校。和其他科学技术一样，人工智能领域覆盖十分广泛，没有哪个人能够精通所有内容，所以首先要搞清楚未来的职业对应的是哪部分知识方向。

总体来说，科学技术都是先有基础理论，再有探索性质的技术研究。技术逐渐成熟后便向应用转化，最后再针对客观实际需求研制产品。而知识的金字塔刚好与这个顺序相反。

首先，作为基础知识，必须会数学和英语。即使你不去开发算法，但为了看得懂别人写的代码也要会数学。而学英语则是因为编程语言、算法文献等大多是以英语为母语的科学家、工程师们开发或发表的，所以懂英语会事半功倍。

其次是编程语言。一般来说，不论是做硬件还是软件、应用都是分为五个步骤：数据工程、建模设计、集成测试、评估分析、基础设施支撑。而这五个步骤大多需要进行编程。对应的工作不同，所应用的语言也有差别。常见语言有 C、C++、C#、Java、Python 等。要搞硬件开发则要学习数字电路、汇编语言等。不过，这些对低龄儿童来说还比较难理解。目前，有许多课外辅导班开设少儿编程、少儿机器人等课程，旨在通过编程游戏启蒙、可视化图形编程等课程，培养学生的计算思维和创新解难能力。

如果把成为一名人工智能领域的科学家作为个人理想，那就要深入学习哲学、心理学、神经科学、控制论、决策论、运筹学和语言学等领域的知识。

哲学会让你学到"思想是如何从人的大脑中产生的""知识来自何处""知识如何导致行动"等问题。

心理学则是把大脑看作一个信息处理装置，用科学的方法研究人的感知、认知、思维、学习等过程。神经科学则深入研究了人的大脑如何处理信息、神经元或神经细胞日常活动。这些都是机器要模仿的。

控制论则告诉你人造的机器如何在其自身控制下运转。而决策论、运筹学则是机器进行推理、决策的根本出发点。

语言学则描述了语言和思维如何关联，如何才能把知识正确表示出来。这些知识所代表的研究方向让许多科学家用毕生精力去研究。

数学、英语和编程，从幼儿园到大学都在学，掌握了这些基本上可以成为一个 AI 工程师，但想更进一步则需要开始学习不同方向上的算法理论。如对人脸识别感兴趣，则需要学习计算机视觉方面的算法理论。同时，也要学习软件工程、体系架构等方面的内容。

AI 领域的牛校

人工智能领域人才被认为是当前乃至未来一段时间最重要却又最为紧缺的。

针对这种情况，近年来各国纷纷针对人工智能领域在大学开设相关专业。

这里就介绍一下国内外人工智能专业较好的大学情况。其中，国外大学的排名参考了互联网 2018 年 CS ranking 和 2019 US News 公布的数据进行排序。受篇幅限制，以排名第一的卡内基－梅隆大学为例，简单介绍一下相关情况。

序号	大学	国家	序号	大学	国家
1	卡内基·梅隆大学	美国	35	加州大学尔湾分校	美国
2	麻省理工学院	美国	36	加州大学圣塔芭芭拉分校	美国
3	斯坦福大学	美国	37	伦敦大学学院	英国
4	加州伯克利大学	美国	38	西北大学	美国
5	伊利诺伊大学厄本那香槟分校	美国	39	俄亥俄州立大学	美国
6	华盛顿大学	美国	40	罗格斯大学	美国
7	康奈尔大学	美国	41	牛津大学	英国
8	佐治亚理工学院	美国	42	宾夕法尼亚州大学	美国
9	得克萨斯大学奥斯汀分校	美国	43	犹他州大学	美国
10	密歇根大学安娜堡分校	美国	44	得克萨斯 A&M 大学	美国
11	苏黎世联邦理工学院	瑞士	45	慕尼黑工业大学	德国
12	加州大学圣地亚哥分校	美国	46	布朗大学	美国
13	新加坡国立大学	新加坡	47	耶路撒冷希伯来大学	以色列
14	马里兰大学帕克分校	美国	48	纽约大学石溪分校	美国
15	威斯康星大学麦迪逊分校	美国	49	达姆施塔特工业大学	德国
16	哥伦比亚大学	美国	50	芝加哥大学	美国
17	宾夕法尼亚大学	美国	51	明尼苏达大学	美国
18	多伦多大学	加拿大	52	南洋理工大学	新加坡
19	南加利福尼亚大学	美国	53	科罗拉多大学波德分校	美国
20	东北大学（美国马萨诸塞州）	美国	54	东京大学	日本
21	普林斯顿大学	美国	55	帝国理工大学	英国
22	加州大学洛杉矶分校	美国	56	西蒙弗雷泽大学	加拿大
23	以色列工学院	以色列	57	加州大学戴维斯分校	美国
24	普渡大学	美国	58	伊利诺伊大学芝加哥分校	美国
25	爱丁堡大学	英国	59	弗吉尼亚大学	美国
26	马萨诸塞大学阿默斯特分校	美国	60	加州大学圣克鲁兹分校	美国
27	洛桑联邦理工学院	瑞士	61	耶鲁大学	美国
28	滑铁卢大学	加拿大	62	杜克大学	美国
29	韩国科学技术院	韩国	63	班加罗尔印度科学学院	印度
30	纽约大学	美国	64	新加坡管理大学	新加坡
31	不列颠哥伦比亚大学	加拿大	65	印度理工学院孟买分校	印度
32	哈佛大学	美国	66	浦项工科大学	韩国
33	马克斯-普朗克研究所	德国	67	印度理工学院坎普尔分校	印度
34	以色列特拉维夫大学	以色列	68	蔚山国家科学技术研究所	韩国

卡内基－梅隆大学

卡内基－梅隆大学位于美国宾夕法尼亚州的匹兹堡。截至 2019 年 3 月，该校共培养出了 13 个图灵奖（号称计算机界的诺贝尔奖）获得者、20 个诺贝尔奖获得者，著名的约翰·纳什、李开复、陆奇、吴恩达都曾就读于此。

其中，在计算机科学学院开设人工智能专业，机器人领域专家安德鲁·摩尔（谷歌云 AI 负责人）担任院长，有"人工智能女王"之称的贾斯汀·卡塞尔为计算机学院副院长。

根据该大学就业统计，2017 年计算机专业本科毕业生年薪高达 76.3 ～ 105 万人民币，刚毕业的本科生就有"百万年薪"，这在全世界本科毕业生中也是凤毛麟角了。

计算机科学学院录取率非常低。而且只有首先被卡内基－梅隆大学计算机科学专业录取后，才能在大一结束的时候申请进入人工智能专业学习。

安德鲁·摩尔

贾斯汀·卡塞尔

计算机学院的盖茨中心

清华大学

到清华大学学习人工智能，需报考计算机科学与技术系（简称计算机系）的计算机科学与技术、软件工程或网络空间安全学科方向。

"所谓大学者，非谓有大楼之谓也，有大师之谓也"。清华大学人工智能领域也是大师云集。如原副校长尤政院士、人工智能研究院院长张钹院士、高性能计算研究所所长郑纬民院士、智能机器人研究中心主任孙富春教授等。

2019年计算机系交叉信息研究院设立人工智能学堂班（简称"智班"），面向已被清华录取的学生进行校内招生，首批30名。智班由图灵奖得主、交叉信息研究院院长姚期智院士担任首席教授，旨在培养人工智能领域领跑国际的拔尖科研创新人才。

尤政 院士

Whitfield Diffie

陈纯 院士

吴朝晖
校长、院士

上海交通大学

上海交通大学电子信息与电气工程学院涵盖人工智能、电气工程、控制科学与工程、计算机科学与技术、网络空间安全、软件工程、信息与通信工程、电子科学与技术和仪器科学与技术等学科方向。

张钹 院士

郑纬民 院士

孙富春 教授

姚期智 院士

计算机系与斯坦福大学、麻省理工学院、普林斯顿大学、卡内基－梅隆大学等大学建立了学生交流项目，同时也设立了学生交流专项基金予以支持海外交流；还与加州伯克利

大学、卡内基－梅隆大学、滑铁卢大学等大学计算机领域的高水平教学机构建立了联合学位培养项目，2019年签约香港大学和香港中文大学联合培养本科生。

潘云鹤
前校长、院士

浙江大学

浙江大学 2019 年开设人工智能专业和机器人工程专业。其中，被录取的新生将进入竺可桢学院图灵班。该班以图灵奖获得者 Whitfield Diffie 教授、前校长潘云鹤院士、校长吴朝晖院士、陈纯院士等为首组建了专业导师团队，旨在培养引领人工智能领域发展的拔尖创新人才。浙江大学已经和卡内基－梅隆大学、麻省理工学院、斯坦福大学、加州伯克利大学、牛津大学、香港科技大学及微软亚洲研究院、百度研究院等著名科研院所建立了交流渠道，拔尖学生可借此赴上述机构交流学习。

毛军发 院士

学校设有人工智能研究院，由毛军发院士担任院长。新开设的人工智能专业除了延续志远荣誉计划＋四大实验班＋无限可能的"1+4+X"的培养模式外，还采用AI+X模式，除AI主干课程外聚焦AI与计算机、数学、物理、医学方面的交叉复合。此外，学校还与国际著名大学有海外交流项目，在本科阶段就可交流学习。

电子信息与电气工程学院与阿里巴巴、华为、英特尔、腾讯等行业龙头企业达成战略合作，使学生可进行企业实训或海外研习。

北京大学

高文

到北京大学学习与人工智能相关专业需报考工学院的"机器人工程"专业，有媒体曾报道"机器人特长生"可保送至北京大学（相关保送政策以当年实际为准）。或报考信息科学技术学院智能科学系的"智能科学与技术"专业。

北京理工大学

北京理工大学于 2018 年成立人工智能研究院，由陆汝钤院士担任名誉院长，中国人工智能学会原副理事长、计算机学院院长黄河燕教授担任院长。到北京理工大学学习人工智能可直接报考计算机学院的人工智能专业。

智能科学与技术专业是计算机科学与技术一级学科之下的本科专业，主要从事机器感知、智能机器人、智能信息处理和机器学习等交叉学科领域的学习。信息科学技术学院的人工智能领域专家有高文院士等。此外，北京大学设立了人工智能研究院，开展人工智能数理基础和认知科学基础、智能感知、机器学习、类脑计算、人工智能治理及智能医疗、智能社会等方面研究，黄如院士担任院长。

黄如 院士

陆汝钤 院士

黄河燕 教授

该校目前采用"人工智能+X"的拔尖创新人才培养模式，并与德国慕尼黑工业大学、俄罗斯鲍曼国立技术大学、日本东京工业大学、美国伊利诺伊大学等 70 多所著名大学签订了学生交换协议、双学位项目、短期访学等国际交流合作，还与 IBM、百度、华为等著名企业深度合作，建立了人工智能人才联合培养基地。

目前，人工智能研究院研究方向涵盖语言智能处理机器翻译知识工程、计算机视觉智能人机交互智能系统、图像与视频处理计算机图形学、信息检索自然语言处理、模式识别和计算机视觉计算摄像学等。

BEIJING INSTITUTE OF TECHNOLOGY

同济大学

同济大学在 2017 年成立了人工智能研究院，汇聚了十多个学院的相关资源，还是上海市建设自主智能无人系统科学中心的依托单位。到同济大学学习人工智能，可直接报考电子与信息工程学院控制科学与工程系"人工智能"专业，或报考"工科实验班"的"智能交通与车辆类"和"智能化制造类"专业。

陈杰 院士

同济大学校长陈杰院士就是人工智能领域的"大咖"，也是控制科学与工程系教授，主要研究方向是复杂系统多指标优化与控制、多智能体协同控制等。同济大学与多家国外著名大学有本科生交流和双学位项目。根据近两年本科毕业生统计情况，近 60% 的毕业生进入国内外著名大学继续深造，其余 40% 的毕业生也都顺利就业。

扑面而来的未来

奇点将至

上文提到的所有的技术今天都已成为现实。或许你还是觉得有些遥远，这并不奇怪。一种科学技术从出现到普及可能只需几天，也可能要上百年。但是，今天几乎所有人都相信，人工智能将会使世界、人类的生活方式发生无法预测的巨大改变。而出现这一改变出现的时间点，被称为"奇(jī)点"。人工智能领域的奇点，通常是指出现具有人类智力水平的通用人工智能，或是具有"自我意识"的人工智能，就像"哆啦A梦""变形金刚"那样。这是必然趋势。然而，当人工智能能够自发地创造出新的人工智能，像生命一样"繁殖"后代时，也必然引发人们对它会不会像"终结者"那样灭绝人类的疑问。这就涉及今天仍在研究的一个方向：人工智能的可解释性。毕竟，许多时候人工智能的输入输出没有清晰的因果解释，会让人类因为未知而产生恐惧。

未来的样子

"今天天气晴朗，温度23℃，适合穿衬衫类衣物。"你的宠物猫轻轻叫醒你的同时，还用主持人的声音给你播了天气预报。

衣柜展示几种衣服搭配后的样子。你伸开手臂，衣柜的机械臂已经把你目光盯着的西服套装自动给你穿上。

洗漱间的镜子里显示出洗漱建议。

厨房里智能冰箱显示你本周早餐食谱，检测到你略缺锌，建议你午餐补充一些含锌多的蔬菜。

楼下接你去公司的无人驾驶汽车已停在门口等候。

它已经根据你昨晚口述的最新产品情况和互联网上对产品的评论自动生成了演讲稿，并预先根据你的照片和声音自动生成了一段你的演讲视频。它也规划好了一条避免拥堵的路线。

未来已来

同时，人类研究人工智能的初心始终未变：为人类更好地服务。在它们更"聪明"的同时，我们也不愿意面对冷冰冰的机器，而是不断研发新的人机交互方式，让它们更像人，或者说更具"人性"。

或许有一天，你会分不清给你做早餐的是你妈妈，还是你的机器人，它可能已经拥有了你妈妈的样子、声音、神态、微表情等。

随着神经科学、脑机等技术发展，采用意念控制、存储意识等技术已开始向应用发展。为了更强的算力和更好的生物适应性，量子计算、生物计算将继续被深入研究并取得突破。这使得"生命"和"机器"的界线越发模糊。有机质机器人、像阿丽塔那样的半机械人类都可能普及。而这一切或许在不远的那个奇点就会实现！

未来已来，你准备好了吗？

到了公司门口，大门自动检测到你的到来，为你开门并准备好了电梯。你对车点了下头，它自动泊进车位，并把那段演讲视频发给了记者……

图书在版编目（CIP）数据

人工智能：人工智能会取代人类吗？ / 梁熠编著；九山DADA绘. —— 北京：电
子工业出版社，2022.11
（新科技，向前冲！）
ISBN 978-7-121-44457-9

Ⅰ.①人… Ⅱ.①梁… ②九… Ⅲ.①人工智能－少儿读物 Ⅳ.①TP18-49

中国版本图书馆CIP数据核字(2022)第202417号

责任编辑：季　萌　　文字编辑：邢泽霖
印　　刷：北京盛通印刷股份有限公司
装　　订：北京盛通印刷股份有限公司
出版发行：电子工业出版社
　　　　　北京市海淀区万寿路173信箱　邮编：100036
开　　本：889×1194　1/8　印张：27.5　字数：267千字
版　　次：2022年11月第1版
印　　次：2022年11月第1次印刷
定　　价：240.00元（全3册）

凡所购买电子工业出版社图书有缺损问题，请向购买书店调换。若书店售缺，请与本社
发行部联系，联系及邮购电话：（010）88254888，88258888。
质量投诉请发邮件至zlts@phei.com.cn，盗版侵权举报请发邮件至dbqq@phei.com.cn。
本书咨询联系方式：（010）88254161转1860，jimeng@phei.com.cn。